U0199199

GRAFTING PRINCIPLE AND TECHNOLOGY OF
Carya illinoensis

薄壳山核桃
嫁接原理与技术

彭方仁 □ 主编

中国林业出版社
China Forestry Publishing House

图书在版编目(CIP)数据

薄壳山核桃嫁接原理与技术 / 彭方仁主编. -- 北京:中国林业出版社,
2020.4
ISBN 978-7-5219-0507-6

Ⅰ.①薄… Ⅱ.①彭… Ⅲ.①山核桃－果树园艺－嫁接－研究 Ⅳ.
①S664.104

中国版本图书馆CIP数据核字(2020)第036409号

中国林业出版社·林业分社
策划、责任编辑：于界芬

出版发行 中国林业出版社
(100009 北京西城区德内大街刘海胡同 7 号)
网　　址 http://www.forestry.gov.cn/lycb.html
电　　话 (010) 83143542
印　　刷 河北京平诚乾印刷有限公司
版　　次 2020 年 4 月第 1 版
印　　次 2020 年 4 月第 1 次
开　　本 889mm×1194mm　1/16
印　　张 11.5
字　　数 223 千字
定　　价 68.00 元

薄壳山核桃嫁接原理与技术
编委会

主　　编　彭方仁

副主编　谭鹏鹏　莫正海　朱凯凯

编　　委　曹　凡　何海洋　韩　杰
　　　　　李风达　李小飞　李晓锐
　　　　　勒栋梁　尧　攀　苏文川
　　　　　王克春　张　洁　周　樊

薄壳山核桃（*Carya illinoensis* Koch），又名美国山核桃或碧根果，是胡桃科山核桃属植物。原产美国和墨西哥北部，是世界上著名的干果树种之一，其坚果个大、壳薄，出仁率高，取仁容易，产量高。同时，其果仁色美味香、无涩味、营养丰富，是理想的保健食品或面包、糖果等食品的添加材料。薄壳山核桃亦是重要的木本油料植物，其油脂含量高达70%以上，不饱和脂肪酸含量高达97%，是上等的食用油。薄壳山核桃还是优良的材用和庭园绿化树种，其木材纹理细腻，质地坚韧，是建筑、军工、室内装饰和制作高档家具的理想材料。其树形高大、树势挺拔，是深受欢迎的观赏、遮荫和行道树种。薄壳山核桃不仅能为市场提供富含营养的干果、优质的木材等林产品，而且能绿化荒山、荒滩、荒地，美化环境，集经济、生态、社会三大效益于一身，其多样的产品已经成为改善人民群众饮食结构和国民经济建设重要的物质基础。种植薄壳山核桃经济效益显著，亩产值达万元以上，是精准扶贫和乡村振兴的支柱产业。

薄壳山核桃引种我国已有百余年历史，但至今尚未形成规模化产业，嫁接成活困难及优良品种嫁接苗的培育技术落后是产业发展的技术瓶颈。本书系统总结了课题组近十几年来开展薄壳山核桃嫁接的形态学、解剖学、生理学、基因组学、蛋白质组学、转录组学等方面的基础研究和应用基础研究进展情况。全书共分13章，第1章介绍了美国及我国薄壳山核桃产业发展的概况；第2章介绍了嫁接繁殖研究进展及其在林木遗传改良中的应用前景；第3章介绍了薄壳山核桃嫁接愈合过程的解剖学研究；第4章介绍了薄壳山核桃嫁接植形成过程中砧、穗内部生理生化因子的动态变化；第5章利用双向电泳技术结合MALDI-TOF/TOF-MS鉴定，研究了薄壳山核桃嫁接愈合部位不同发育时期的差异蛋白，成功鉴定48个差异蛋白，这些差异蛋白按功能分类可分为能量代谢相关蛋白、抗性及防御相关蛋白、细胞生长相关蛋白、次生代谢相关蛋白、氨基酸代谢相关蛋白以及功能未知蛋白。第6章介绍薄壳山核桃嫁接过程的转录组变化，通过Illumina测序、组装和基因注释、GO分类及KEGG分析获得转绿组数据，并进行薄壳山核桃嫁接过程中基因差异表达分析，嫁接体发育过程中与激素信号传导、细胞增殖、维管组织形态决定、细胞伸长、次生壁加厚、细胞程序性死亡以及活性氧清除相关的基因发生了差异表达，这些基因可能与嫁接成活相关；第7章介绍薄壳山核桃嫁接小RNA测序，通过薄壳山核桃miRNA文库构建、Solexa测序及序列分析获得小RNA数据，进行薄壳山核桃嫁接过程中保守miRNA和新miRNA的分析，分析了不同嫁接时期miRNA的差异表达，并对miRNA对应的靶基因进行预测和表达量验证；第8章基于转录组数据及同源克隆策略，从嫁接愈合部位克隆了与嫁接密切相关的CiMYB46、CiPAL、CiARF等三个关键基因，并进行了表达分析和功能研究；第9章介绍了开展薄壳山核桃矮化砧选择的初步研究结果，以9个自由授粉的薄壳山核桃半同胞家系1年生实生苗和规模化繁育的苗圃实生苗为材料，以表型选择为主要手段，以筛选矮壮苗为主要目标，通过分析薄壳山核桃半同胞家系1年生实生苗的生长指标，在薄壳山核桃规模化苗圃中筛选嫁接未剪砧和未嫁接矮化实生壮苗并进行集中移栽养护、嫁接、调查和复选研究，以期为薄壳山核桃专用矮化砧选择提供基础；第10章主要介绍了普通砧木和矮化砧木间的差异性及不同类型砧木对嫁接苗生长的影响，为探讨薄壳山核桃矮化砧的矮化机制提供理论依据；第11～13章分别介绍了薄壳山核桃芽苗砧接、方块芽接、微枝嫁接等新型实用嫁接技术。

本书由彭方仁、谭鹏鹏撰写，莫正海、朱凯凯、曹凡、何海洋、韩杰、李凤达、李小飞、李晓锐、勒栋梁、充攀、苏文川、王克春、张洁、周樊等参与了主要试验研究工作，深表谢意。

本书的出版得到江苏省林学优势学科建设经费和国家自然基金项目（31870672）的资助，特此致谢。

由于作者水平有限，虽经多次修改，但错漏之处在所难免，敬请同行和读者指正赐教！

编　者

2019年10月

目 录

C O N T E N T S

第 1 章

薄壳山核桃产业发展的国内外现状

1.1 美国薄壳山核桃产业发展现状及对我国的启示

1.1.1 美国薄壳山核桃生产现状

薄壳山核桃 (*Carya illinoensis* Koch)，又名美国山核桃或碧根果，是胡桃科山核桃属植物。原产美国和墨西哥北部，在美国的自然分布以密西西比流域及其东西两面支流的河谷地带为主，分布范围在北纬 16°~42°、西经 86°~105°之间。美国现有薄壳山核桃商业果园面积约 20 万 hm²，每年的坚果产量在 15 万~18 万 t 左右（表 1-1）。全美 50 个州中有 24 个州从事薄壳山核桃的商业化生产（图 1-1）。

表 1-1 美国薄壳山核桃坚果产量、平均售价及年产值（1963—2010）

年份	改良品种			实生树			合计		
	产量（万 t）	单价（美分/磅）	产值（1000 美元）	产量（万 t）	单价（美分/磅）	产值（1000 美元）	产量（万 t）	单价（美分/磅）	产值（1000 美元）
1960	3.64	34.1	27348	4.87	28.7	30795	8.51	31	58125
1961	6.66	19.4	28479	4.84	16.1	17178	11.50	18.1	45883
1962	1.81	39	15522	1.61	31	11005	3.42	35.2	26506
1963	10.01	18.71	41252	7.07	17.8	27734	11.07	18.4	69258
1964	2.54	27.5	15372	5.56	20.4	25010	8.10	22.6	40341
1965	5.58	20.3	24969	5.81	15.6	19968	11.39	17.9	44929
1966	3.81	31.6	26512	3.52	26	20176	7.33	28.9	46673
1967	4.73	37.7	39284	5.79	30.4	38820	10.52	33.6	77918
1968	4.30	42.2	39963	4.44	32.8	32078	8.73	37.5	72187
1969	6.16	31.8	43153	4.10	27	24408	10.26	29.8	67378

（续）

年份	改良品种			实生树			合计		
	产量（万t）	单价（美分/磅）	产值（1000 美元）	产量（万t）	单价（美分/磅）	产值（1000 美元）	产量（万t）	单价（美分/磅）	产值（1000 美元）
1970	3.71	42.1	34403	3.33	35.6	26125	7.04	39	60528
1971	6.45	35.4	50369	4.71	29.8	30917	11.17	33	81286
1972	4.04	46.1	41028	4.27	38.9	36608	8.31	42.4	77636
1973	6.59	42.6	61793	5.92	30.3	39494	12.51	36.7	101287
1974	3.94	52.5	45542	2.28	38.2	19199	6.22	47.2	64741
1975	4.99	46.5	51164	6.20	34.4	47036	11.19	39.8	98200
1976	3.51	87.5	67603	1.17	63.5	16380	4.68	81.5	83983
1977	6.26	66	91015	4.48	46	45444	10.73	57.7	136459
1978	7.46	64.5	106170	3.87	52.8	45080	11.34	60.5	151250
1979	4.59	70	70742	4.97	41.9	45921	9.55	55.4	116663
1980	5.83	84.8	109015	2.49	62.3	34254	8.32	78.1	143269
1981	7.92	64.7	112987	7.46	43.7	71855	15.38	54.5	184842
1982	7.67	72.6	122776	2.25	49.8	24715	9.92	67.5	147491
1983	7.59	67.7	133199	4.66	44	45190	12.25	58.7	158389
1984	7.68	68.2	115406	2.87	46.6	29424	10.54	62.3	144830
1985	6.92	79.1	120582	4.17	49.7	45706	11.09	68	166288
1986	8.29	79.3	144765	4.08	57.6	51884	12.37	72.1	196649
1987	8.15	60.1	107953	3.74	37.7	31156	11.89	53.1	139109
1988	8.41	62.6	116210	5.57	41.1	50448	13.98	54.1	166658
1989	7.30	78.6	126491	3.32	53.8	39350	11.36	71.5	179020
1990	6.51	128	184135	1.87	90.2	37212	9.30	121	247590
1991	7.41	114	186917	5.22	83.5	95969	13.56	104	309524
1992	4.75	157	164333	1.86	114	46794	7.53	145	240362
1993	10.75	62.9	149189	4.95	39.6	43270	16.56	58.6	213862
1994	5.39	115	136945	2.70	76.4	45531	9.03	104	207345
1995	7.95	112	195657	3.48	72.5	55678	12.16	101	271818
1996	7.49	68.9	113749	2.01	46.4	20606	9.50	64.1	134355
1997	9.20	93.3	189226	5.99	53	69994	15.20	77.4	259220

（续）

年份	改良品种			实生树			合计		
	产量（万t）	单价（美分/磅）	产值（1000美元）	产量（万t）	单价（美分/磅）	产值（1000美元）	产量（万t）	单价（美分/磅）	产值（1000美元）
1998	5.08	135	150908	1.56	77.2	26544	6.64	121	177452
1999	9.95	101	222647	8.47	57.7	107751	18.42	81.4	330398
2000	7.28	126	201575	2.24	75.4	37193	9.52	114	238768
2001	11.18	66.2	163204	4.17	41.2	37897	15.36	59.4	201101
2002	5.93	107	139597	1.91	60.3	24436	7.84	95.5	165033
2003	9.20	110	223547	3.59	68.3	54082	12.80	98.4	277629
2004	6.30	192	267215	2.12	128	59709	8.43	176	326924
2005	10.37	154	351353	2.34	108	55567	12.71	145	406830
2006	6.90	173	262544	2.50	109	59949	9.40	156	322493
2007	13.77	123	373131	3.80	72.2	60513	17.57	112	433644
2008	7.88	142	246590	1.29	88.3	25097	9.17	134	271687
2009	11.33	153	381550	2.37	93.4	48838	13.70	143	430388
2010	10.55	249	578149	2.78	158	96679	13.32	130	674828

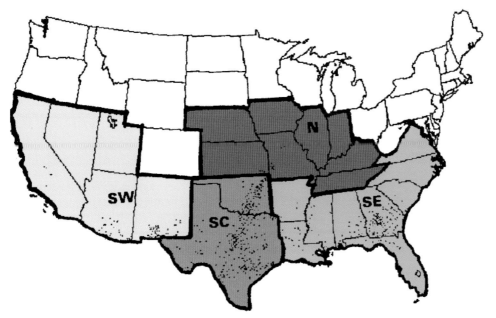

图 1-1　美国薄壳山核桃产区分布

全美薄壳山核桃生产按行政区划共划分为四大产区：东南产区（SE），包括佐治亚、佛罗里达、北卡罗来纳、南卡罗来纳、弗吉尼亚、阿拉巴马、密西西比、路易斯安那和阿肯色等9个州；中南产区（SC），主要是德克萨斯和俄克拉荷马两个州；西南产区（SW），包括新墨西哥、亚利桑那、加利福尼亚、犹他和内华达等5个州；北部产区（N），包括田纳西、肯塔基、印地安那、伊利诺、衣阿华、内布拉斯加、密苏里、堪萨斯等8个州。种植面积最大的三个州为德克萨斯、佐治亚和俄克拉荷马州，分别占全国总面积的34%，27%和17%。近年来，随着薄壳山核桃出口量（尤其是出口中国）的增加及坚果价格的上升，全美薄壳山核桃的种植面积在不断扩大。据不完全统计，2010—2013年近3年新发展的薄壳山核桃种植园面积相当于美国近30年发展面积的总和，可以说，美国薄壳山核桃的发展目前呈现出前所未有的新局面。

1.1.2 美国薄壳山核桃产业发展的关键技术

1.1.2.1 品种资源与良种选育

在美国，依据气候和地理位置，可将薄壳山核桃品种分为东南部、西部和北部品种3种类型。东南部（得克萨斯州东部、路易斯安那、佐治亚和南部佛罗里达州）品种的主要特点是能适应东南部的潮湿气候，以及对疮痂病等真菌性病害有一定的抗性；美国西部品种类型，主要产自得克萨斯和其他年平均降水量少于500 mm的西部干旱地区，抗病能力不及东部品种类型，但相对抗盐碱；美国北部品种类型，分布于俄克拉荷马、堪萨斯和密苏里等州（北至内布拉斯加），适应短生长季的气候，抗寒、抗旱，一般坚果较小，但果仁风味有时比东西部的还好。至目前为止，已公开发表的品种数已逾千个，在众多的品种中，有些基本没有推广甚至已不存在。不同品种的适应区域及种植面积存在巨大的差异。例如，'Stuart'是1886年首次推广的，现在分布范围很大，已占全美国嫁接树的27%，与'Stuart'齐名的还有'Western Schley''Dsirable'，这3个品种占全美山核桃总量的近半数（49%），所占比重分别为26.7%，12.9%及9.5%。33个最流行的品种在全美商业果园品种中所占比重达85%（表1-2）。

表1-2 美国主要薄壳山核桃品种的栽培面积及所占比例

品种	面积（hm²）	所占比例（%）	品种	面积（hm²）	所占比例（%）
'Stuart'	47703	21.8	Van Deman	877	0.4
'Western Schler'	318484	14.6	Maramec	830	0.4
'Desirable'	23849	10.9	Cherokee	809	0.4

(续)

品种	面积 (hm²)	所占比例 (%)	品种	面积 (hm²)	所占比例 (%)
'Wichita'	22168	10.1	'Tejas'	809	0.4
'Schley'	11696	5.4	'Delmas'	767	0.4
'Cheyenne'	10448	4.8	'Sumner'	735	0.3
'Success'	5550	2.5	'Barton'	722	0.3
'Cape Fear'	4786	2..2	'Frotscher'	707	0.3
'Moneymaker'	4295	2.2	'Elliott'	682	0.3
'Mohawk'	3099	1.4	'Pabst'	668	0.3
'San Saba'	2873	1.3	'Caddo'	617	0.3
'Mahan'	2856	1.3	'Teche'	615	0.3
'Moore'	2825	1.3	'Burkett'	526	0.2
'Choctaw'	2549	1.2	'Shoshoni'	454	0.2
'Kiowa'	1788	0.8	'Mobile'	398	0.2
'Siouc'	1649	0.8	Others	26019	11.9
'Ideal'	1097	0.5	总计	218449	100.0
'Chickasaw'	1087	0.5			

　　美国薄壳山核桃的良种选育工作主要由美国农业部研究服务中心（USDA-ARS）所承担的薄壳山核桃良种选育项目和佐治亚大学 Patrick Conner 博士所主持的薄壳山核桃育种项目所完成。美国农业部研究服务中心（USDA-ARS）和各州农业试验站、推广服务中心、私人种植户合作，开展了世界唯一的国家级薄壳山核桃育种项目（图1-2）。该项目包括两部分：基础育种计划（Basic Breeding Program，简称 BBP 计划）和国家级薄壳山核桃良种试验系统（National Pecan Advanced Clone Testing System，简称 NPACTS）。BBP 每年都会设计大量的杂交组合，获得的种子播下后，对子代表现要进行长达 10 年的评估。基于 BBP 计划，再筛选出极少一部分表现优异的单株，用于 NPACTS 测试。通常，NPACTS 系统标准评估时间为 15 年，以此获得适合用于当地大面积推广的良种。该育种项目的试验基地设在德克萨斯州的布朗伍德市（Brownwood）和卡城（College Station）。杂交种子在冬季播种于温室，并在次年夏季经抗疮痂病筛选。筛选出的幼苗移栽至卡城的试验田，以实生或嫁接的方式进行 10 年评估。其中，表现优异的单株将被选入 NPACTS 系统，由当地科研人员和种植户进行二次筛选。几年后，优选出的品种将以当地人的名字命名，随之出售给种植户。美国农业部的薄壳山核桃品种并不申请专利，品种释放后，种植户可随意扩繁新品种

而不受任何限制。该项目所培育的新品种许多成为美国广泛栽培的优良品种，其培育和释放的品种情况如表 1-3 所示。

表 1-3　美国农业部研究服务中心选育释放的品种情况

序号	品种	亲本[1]	编号	释放时间[2]	雌雄异熟类型[3]
1	'Barton'	Moore × Success	37-3-20	1953	I
2	'Comanche'	Burkett × Success	27-8-22	1955	II
3	'Choctaw'	Success × Mahan	46-15-276	1959	II
4	'Wichita'	Halbert × Mahan	40-9-193	1959	II
5	'Apache'	Burkett × Mahan	40-4-17	1962	II
6	'Sioux'	Schley × Carmichael	43-4-6	1962	II
7	'Mohawk'	Success × Mahan	46-15-195	1965	II
8	'Caddo'	Brooks × Alley	Philema 1175	1968	I
9	'Shawnee'	Schley × Barton	49-17-166	1968	II
10	'Cheyenne'	Clark × Odom	42-13-2	1970	I
11	'Cherokee'	Schley × Evers	48-22-27	1971	I
12	'Chickasaw'	Brooks × Evers	44-4-101	1972	II
13	'Shoshoni'	Odom × Evers	44-15-59	1972	II
14	'Tejas'	Mahan × Risien 1	44-10-293	1973	II
15	'Kiowa'	Mahan × Desirable	53-9-191	1976	II
16	'Pawnee'	Mohawk × Starking HG	63-1 6-125	1984	I
17	'Houma'	Desirable × Curtis	58-4-61	1989	I
18	'Osage'	Major × Evers	48-15-3	1989	I
19	'Oconee'	Schley × Barton	56-7-72	1989	I
20	'Navaho'	48-13-311 × Wichita	74-1-11	1994	I
21	'Kanza'	Major × Shoshoni	55-1-11	1996	II
22	'Creek'	Mohawk × Starking HG	61-6-67	1996	I
23	'Hopi'	Schley × McCulley	39-5-50	1999	II

（续）

序号	品种	亲本[1]	编号	释放时间[2]	雌雄异熟类型[3]
24	'Nacono'	Cheyenne × Sioux	74-5-55	2000	II
25	'Waco'	Cheyenne × Sioux	75-5-6	2005	I
26	'Lakota'	Mahan × Major	64-6-502	2007	II
27	'Apalachee'	Moore × Schley	48-13-311	2009	I
28	'Madan'	BW-1 × Osage	85-1-2	2009	I
29	'Lipan'	Cheyenne × Pawnee	1986-3-624	2012	

注：1. Mahan=5; Schley=5; Success=4; Evers=4。

2. 从杂交到释放的平均时间为26.6年。

3. I=雄先型；II=雌先型。

佐治亚大学承担的薄壳山核桃育种项目基地位于佐治亚州的蒂弗顿（Tifton）（图1-3）。该项目始于1988年，其最终目的是培育出适应美国东南部湿润气候的薄壳山核桃品种。选育的品种基本特点为：果形大、易剥壳、早熟性好、果仁色淡、雌花单簇较少以保证果实饱满。此外，对主要病虫害尤其是疮痂病的抗性是该育种项目的重要目标。首先根据育种目标，设计好杂交组合。在雌花刚出现时，及时进行套袋隔离。当雌花可授时，用授粉器人工授粉。授粉子代在容器里种植1年。在此期间，进行抗疮痂病测试，移走疮痂病易感的植株。剩下的抗疮痂病植株将于第二年定植于子代测定区。在5～10年间，大部分授粉子代都会结果，育种组会将表现优异的留下继续观测，其余的全部移走以节省试验地空间。对单株性状的评价因素有：抗疮痂病性、果型大、早熟、出仁率高、易去壳、果仁色淡及树体健壮。从子代测定林中优选的品种，将被嫁接到新的试验地进行重复测试，表现优异的品种会在后期释放。同时，这些品种还将会作为下一个育种周期的亲本来使用。该项目的另一重要内容是对现有品种在佐治亚及美国东南部的适应性进行评价，为当地种植户推荐适宜发展的品种。该项目开展的不同品种栽培适应性评估及推荐使用情况如表1-4。特别是对最近新推出的品种的栽培适应性评价有力地促进了这些新品种的推广。例如，'Nacono'是1个很有发展前景的大果型品种，该品种是从果实品质和抗疮痂病方面均表现良好的2个亲本品种Cheyenne × Sioux的杂交后代中选出，于2000年育成，坚果20粒/kg，出仁率56%，抗疮痂病能力优于Desirable和Stuart，树势强健，果实10月中下旬成熟；Excel是从实生树中选育出来的，因果形较大和抗疮痂病能力强而被推荐试种。

图1-2　作者（左一）与美国农业部（USDA-ARS）薄壳山核桃育种项目主任 L J Grauke 博士合影

图1-3　位于佐治亚州蒂弗顿（Tifton）的佐治亚大学薄壳山核桃育种基地（左四为本书作者）

表1-4　佐治亚大学薄壳山核桃育种项目品种测定及推荐情况

品种	亲本	开花类型	粒/镑	出仁率（%）	抗疮痂病等级	成熟期
推荐应用于佐治亚地区的品种（Cultivars Recommended for Georgia）						
Caddo	Brooks × Alley	I	67	54	3	Oct.11
Desirable	Success × Jewett	I	48	51	4	Oct.14
Elliot	Seedling	II	77	51	1	Oct.12
Forkert	Success × Schley	II	53	58	3	Oct.19
Kanza	Major × Shoshoni	II	74	52	1	Oct.18

（续）

品种	亲本	开花类型	粒/镑	出仁率（%）	抗疮痂病等级	成熟期
Oconee	Schley × Barton	I	48	53	3	Oct.12
Pawnee	Mohawk × Starking HG	I	56	54	4	Sept.14
Sumner	Schley Sdlng	II	56	49	2	Oct.29
部分推荐应用于佐治亚地区的品种（Cultivar Partially Recommended）						
Cape Fear	seedling	I	55	51	2	Oct.19
Creek	Mohawk × Starking HG	I	55	48	2	Oct.18
Kiowa	Seedling	II	48	53	2-3	Oct.21
进行过栽培适应性评估的品种（Cultivar Recommended for Trial）						
Amling	Seedling	I	57	55	1	Oct.17
Byrd	Pawnee × Wichita	I	50	59	2?	Sept.21
Excel	Seedling	II	50	48	1	Oct.13
Lakota	Mahan × Major	II	59	62	1	Sept.28
Mandan	BW-1 × Osage	I	49	57	2?	Sept.16
McMillan	Seedling	II	51	50	1	Oct.12
Zinner	Seedling	II	48	56	3	Oct.12

1.1.2.2 苗木培育

美国薄壳山核桃主要采用芽接和枝接 2 种方法培育优良品种的嫁接苗。在砧木的选择方面，不同地区应用的砧木种类不同。例如，美国东南部地区主要有 Elliott、Curtis 及 Moore 等，而南部产区主要为 Riverside、Burkett 及 Apache，其中 Apache 是人工杂交的后代；在北方产区则主要用 Giles 及其本地的实生苗。砧木的品种化利用是美国薄壳山核桃嫁接育苗技术的重要特色，值得我们借鉴与学习。砧木可在大田播种，也可采用芽苗移栽培育容器苗作砧木。播种用砧木种子通常于 9~11 月采收，采收后先用温水浸泡种子 1~3 天。采用秋播（10~11 月）或春播（3~4 月），若春播种子必须用湿沙进行层积催芽，播种前苗床进行细致整地，土壤经熏蒸消毒后作床播种并进行地膜覆盖以促进种子的萌发及幼苗生长。如采用容器苗作砧木，可在温室或大棚内进行种子高温催芽，进行芽苗切根移栽，促进砧木根系的发育。美国主要采用芽接和枝接 2 种方法培育薄壳山核桃的良种嫁接苗。芽接通常在夏末进行，主要采用方块芽接，其次采用"工"字形或"T"字形芽接；枝接通常在 3~4 月进行，多采用舌接、切接等。嫁接苗有当年出圃的，也有 2~3 年出圃的。育苗的株行距较大，以

图 1-4　高质量的薄壳山核桃裸根嫁接苗和嫁接容器苗

利通风透光，促使苗木健壮生长（图 1-4）。除嫁接采用手工外，整地、播种、田间管理、起苗全部实现机械化。由于管理科学，当年生嫁接苗苗高可达 2～3m，地径可达 3～4cm。苗木质量很高。嫁接苗的价格也很高。2 年砧的 1 年生裸根苗价格在 18 美元 / 株左右，而相同规格的容器苗价格在 25 美元 / 株左右。

1.1.2.3 栽培管理

美国的薄壳山核桃种植园通常建在气候、土壤适宜，有水源、水质好的地方。采用机械整地挖穴，以"正方形"或"品字形"设计种植穴。由于薄壳山核桃树体高大，生长讯速，通常采用大株行距种植，有 8m×8m（156 株 /hm²）、10m×8m（125 株 /hm²）及 12m×10m（84 株 /hm²）几种。定植后，在 1.5～2m 处定干。成龄树修剪采用隔行隔年的方式，以机械修剪为主，人工修剪为辅。

大规格种植园均配备有专职的营养专家，根据专家开展的营养诊断的结果指导种植园的施肥。无论是幼树期的薄壳山核桃，还是成龄盛果期的果园，对氮肥的需求量均明显高于磷、钾肥，在成龄盛果期时，可适当提高磷、钾肥比例。同时要非常重视锌、锰等微量元素肥料的应用。薄壳山核桃是最容易出现缺锌症的果树之一，西部干旱区土壤固锌能力很强，所以要大量施用锌。叶面喷洒各地都应用，反应快，但其效果不如土壤施用持久。使用浓度为 0.75kg36% 的硫酸锌溶于 450L 水中，在授粉后 4～6 周开始喷洒，潮湿地区再加 0.75kg 石灰。土壤施用按树龄每株 0.19～0.37kg，在 2 月底 3 月初施用，一旦缺锌症得到矫正，则每 5～10 年施用一次，经常使用对树体有害。

水分管理对薄壳山核桃的生长发育是十分重要的。一年中根系生长（3 月底至 4 月初）、果实上浆（6～7 月）、果仁发育（7 月下旬至 9 月）和果荚开裂（10 月），都是水分管理的关键阶段。在后几个阶段中的任何一个阶段出现水分胁迫，均会引起落果或僵果，甚至影响到翌年产量。美国很重视水分管理，在果园建立的同时配套建设灌溉系统。有的果园灌溉系统与施肥系统相配合，在灌溉的同时完成施肥工作（图 1-5）。

图 1-5　美国薄壳山核桃种植模式与水肥管理

1.1.2.4 病虫害防治

薄壳山核桃疮痂病是一种为害叶片和果实的真菌性病害，极易在潮湿的气候条件下发生，是美国东南部几个州薄壳山核桃的主要病害之一。培育抗疮痂病新品种是目前最有效的防治措施，几十年来美国种植者已经培育出如'Nacono''Lakota''Excel''Summer'等许多抗疮痂病的优良品种。种植者通常采用杀菌剂控制，在危害严重的年份，一年需多次喷施杀菌剂。

薄壳山核桃虫害有多种，主要是为害果实的鞘蛾幼虫（Casebearer）和象鼻虫（Weevil）。鞘蛾幼虫已在几乎所有的种植区域内均有发现，大量群居性地为害幼果。最有效的防治方法是在适当的时候喷洒杀虫剂，毒杀孵化幼虫，避免其进入幼果。美国种植者在虫害管理上，非常注重生物防治，尽可能少用杀虫剂。

1.1.2.5 采收和采后处理

在美国，薄壳山核桃的采收、脱青皮、清洗、分级、烘干、脱壳等工序已完全实现机械化（图1-6）。每年9月末到11月是薄壳山核桃的采收期。在9月末，当树上有2/3的薄壳山核桃青皮开裂，标志着果实可以采了。薄壳山核桃果实的采收是通过机械振荡器将果实振落到地面上，通过机械将果实收集起来，运到加工厂进行脱青皮、漂洗、烘干、破壳取仁或带壳包装等处理。在美国，规模较大的种植园均建有自

图 1-6　美国薄壳山核桃采收与采后处理

已的加工处理车间。小规模的种植户，没有合适的贮藏条件和足够的容器进行存贮及常年销售，通常在收获后的几个月内就卖掉未脱壳的果品给囤贮者，而囤贮者起中间人的作用，再将果品卖给脱壳者，脱壳者脱壳加工后将果仁卖给最终的生产商。

1.1.3 美国薄壳山核桃产业发展的经验与特色

1.1.3.1 主栽品种良种化

美国薄壳核桃产业的迅速发展和成功，与其在良种选育方面所做的工作密切相关。实行良种化栽培是美国薄壳山核桃产业发展的一个显著特征。尽管美国薄壳山核桃品种资源丰富，但主栽品种为'Stuart''Western Schley''Dsirable''Pawnee'等。目前美国生产上主栽品种及推广面积见表 1-2。以栽培面积来看，超过全美山核桃总面积 10% 的有 4 个品种，它们所占的比重达全美总面积的 57.4%，在美国山核桃栽培中良种化普及程度之高由此可见一斑。

1.1.3.2 生产过程现代化

美国薄壳山核桃从建园开始，到土壤管理、灌溉、修剪、喷药，再到采收、脱皮、烘干和加工，全部环节都实行机械化作业，特别是其采收加工工艺令人大开眼界。用振落机、堆扫机采收，运到加工厂后及时进行脱皮、分级、烘干。整个过程在 24～

48 小时之内完成。整个工艺过程的机械化、标准化保证了薄壳山核桃园的集约管理和产品的质量。

1.1.3.3 组织管理专业化

美国薄壳山核桃产业的发展主要依赖于私人种植主。绝大多数薄壳山核桃种植园都是家族经营，园主大都是世袭制，一代传一代地进行专业化生产，即使近几年新买土地或租赁土地发展起来的薄壳山核桃种植园，其园主一般都具有很高的专业学历，有些是农学、园艺方面的博士，对核桃的生物学特性和生态学特性都掌握得非常清楚，专业化生产的水平都比较高。有些园主还高薪聘任高等院校或专业研究机构的专家作技术指导，进行科学的专业化经营。

1.1.3.4 重视科学研究，坚持产学研一体化

美国把科学研究和技术进步视为薄壳山核桃生产的灵魂，特别重视薄壳山核桃生产的科研工作。在种质资源收集、砧木品种和栽培品种选育、无性繁育、栽培生理、植物营养、病虫害控制技术等方面坚持不懈地开展研究，现在其各方面的研究水平均处于国际领先地位。在重视科学研究的同时建立有全国性的健全的技术推广体系。美国农业部培养了一批薄壳山核桃推广专家，每个农场主均有专门技术顾问，薄壳山核桃的主要生产州都有种植者协会。农场主和种植者协会还为专业的研究机构提供研究经费。如佐治亚大学薄壳山核桃育种项目的经费主要由农场主和种植者协会提供，其研究成果直接应用于生产，这种利益相关的推广体系有效地推动了整个薄壳山核桃生产技术的推广，加速了科技成果的转化。

1.2 我国薄壳山核桃生产现状与产业化发展策略

1.2.1 我国引种薄壳山核桃的历史及栽培现状

1.2.1.1 我国薄壳山核桃引种历史

薄壳山核桃在我国引种栽培已有 100 多年的历史。可划分为自发引种阶段（19世纪末 20 世纪初）、自觉引种第一阶段段（20 世纪初至新中国成立前）、自觉引种第二阶段（新中国成立后至 20 世纪 60 年代初）和自觉引种第三阶段（20 世纪 70 年代末至今）等四个不同阶段。其中规模较大、引种效果较好的引种活动有：云南省林业科学院 1974 年首次将美国山核桃作为干果树种引入云南，相继开展了"美国山核桃引种扩大试验""国外高效经济林引种""美国山核桃优质苗木快繁和早实丰产栽培技术及栽培区划研究"等相关研究，共引进 52 个薄壳山核桃品种，在云南现已结果品种达 42 个，其中通过区域化栽培试验从中选出了 8 个良种，逐步在云南省内推广；1978—1979 年，浙江林学院从美国得克萨斯州的美国薄壳山核桃试验站引进 11 个品

种的种子与 4 个品种的接穗进行了育苗与造林试验；1991—1992 年，中国林业科学院从美国内布拉斯加州立大学引进奥奇、皮鲁克等 16 个品种的穗条，嫁接在浙江余杭长乐林场的薄壳山核桃资源圃内，随后 1993—2001 年的 9 年中又陆续从内布拉斯加和密苏里等州引种多批次，共得到北方型无性系品种 30 多个，小糟皮山核桃品种 8 个，同时引进北方型实生种子 10 多 t。引进的品种，分别嫁接在北京、河南的郑州、洛宁和山西省的晋城；1996 年，中南林业大学张日清教授主持国家"948"引进项目"薄壳山核桃新品种及栽培经营技术引进"，先后引进美国东南部、西部和北部主栽品种的种子和穗条，共引进品种 30 个，保存 27 个，筛选出优良无性系 36 个，分别嫁接在湖南、江西、浙江和云南等协作点。据不完全统计，目前国内引进、保存的薄壳山核桃品种在 100 个以上。南京绿宙薄壳山核桃科技有限公司的种质资源圃内收集有从美国引进的薄壳山核桃品种 51 个、国内选育品种 22 个、自主从国内实生结果母树中初选的优良单株 112 个。通过对引进品种进行筛选和区域性栽培试验，选育出'马罕'（Mahan）、'波尼'（Pawnee）、'肖尼'（Shawnee）、'威奇塔'（Wichita）、'艾略特'（Elliott）、'赛尼克斯'（Sioux）等 6 个适合在江苏省及周边省份内推广的优良品种。其中'马罕'（Mahan）和'波尼'（Pawnee）被江苏省林木新品种委员会认定为省级新品种。

1.2.1.2　我国薄壳山核桃栽培现状

据初步调查，我国已有 22 个省份开展了薄壳山核桃的引种栽培，但发展较好且资源比较集中的还是在亚热带东部地区和长江流域，现有薄壳山核桃资源约 7 万株，主要以 30 年生以上的大树为主，多呈零星分布。从品种（单株）和树木数量看，资源最多的是江苏、浙江和云南，其次是陕西、福建、江西和湖南。最近几年，云南、浙江、安徽、江苏等对薄壳山核桃产业发展高度重视，加大了资金投入力度。根据笔者调查，云南的大理，江西的南昌、夹江，浙江的建德、新昌、金华、绍兴、富阳、安吉，河南的洛宁、郑州，江苏的南京、金坛、溧水、句容、泗洪、江阴，山东的聊城等地已有局部规模性发展，全国总产量约 200t。据报道，云南、浙江、江苏都有数以千亩或万亩的薄壳山核桃的造林面积，多数为近年定植的林分，尚未进入结果期。完全以产业化为目的，选择优良品种和合理搭配授粉品种，采用集约化管理具有一定规模的薄壳山核桃商业性生产果园尚在起步阶段，距离产业化尚需时日。

1.2.2　我国薄壳山核桃产业发展存在的主要问题

1.2.2.1　实生繁殖，产量低而不稳

我国早期引种的薄壳山核桃主要采用种子进行实生繁殖，10 年左右才开始开花结果，15～20 年进入盛果期，结实后产量低而不稳，株间差异悬殊，大小年现象明显，这是薄壳山核桃实生繁殖时的生物学特性所致。目前通过品种选择及嫁接技术，已经

可以实现 4 年开始挂果，6 年形成一定产量，但生产实践中该技术尚未得到普遍推广。

1.2.2.2 育种进程缓慢，优良品种资源匮乏

虽然国内从美国引进了不少品种，但对这些品种大多未进行区域化栽培试验，品种的适应性有待检验。国内选育的品种主要采用的是表型选择，大多从早期引进的实生结果树选择而来，大果型品种多为'马罕'的实生变异，遗传基础较窄。甚至有从一些表型较好的单株采些枝条进行扩繁后取一个品种名进行大量扩繁推广。即使是一些表现较好的品种也尚未建成相应的采穗圃和规模化的良种繁育基地，并持之以恒地开展良种选育工作，导致不同产区的适生品种选择存在困难。一些地区栽培的品种或"良种"，生长表现差，产量低，结果晚，相比较于国外的栽培情况，品种资源的优势和潜力未能得到体现，还有待进一步挖掘。

1.2.2.3 规模化扩繁技术落后，良种苗木供应紧张

目前国内优良品种苗的繁育主要靠嫁接繁殖，多数仍是采用传统的枝接，适宜的嫁接时期短，技术要求高，工作难度大，嫁接成活率低。而成活率和繁殖系数较高的芽接技术尚未得到广泛推广。此外，组织培养、体细胞胚胎发生等规模化和产业化的育苗技术研究尚不过关，存在技术瓶颈，导致目前市场上优良品种苗木紧张。

1.2.2.4 基础研究薄弱，配套栽培技术不完善

薄壳山核桃属于雌雄同株异熟型，多数品种都是雌雄花期不遇，不能自花授粉，建园时必须配置授粉品种。但有关薄壳山核桃的成花机制、花芽分化与性别调控、雌花促成、矮化机理等方面的基础研究还很薄弱。相应的品种配置技术、树型养成技术、群体结构调控制技术、水肥控制关键技术、病虫害防治技术等远不能满足产业化发展的需要。

1.2.3 我国薄壳山核桃产业发展策略

1.2.3.1 充分利用现有种质资源，加快新品种培育进程

通过 100 多年的引种实践，目前国内引进、保存的薄壳山核桃品种资源近 100 余种；中国林业科学研究院亚热带林业研究所、江苏省中国科学院植物研究所、云南林业科学院、南京林业大学等科研单位利用有限的薄壳山核桃成年实生资源，筛选出了20 多个优良单株，有些已经繁育成了株系、品系，有些已申请或鉴定为品种，具有自主知识产权，如赣选系列、亚林系列、'金华 1 号'、'沼兴 1 号'、'云光'、'云星'、'云早丰'等。这些品种（株系）主要通过选择育种的方式培育而成，大多未进行严格的子代测定和区域化试验，有些可能就是美国原有品种在不同引种区变异，根本不能称之新品种。美国农业部分别在德克萨斯农业与机械大学和佐治亚大学成立了两个薄壳山核桃良种繁育中心，负责薄壳山核桃种质资源的收集与良种选育，制定了严格的育

种程序，目前美国推广的主要薄壳山核桃栽培新品种均为这两中心培育。因此我国有必要对薄壳山核桃的良种培育程序进行规范，薄壳山核桃新品种培育要从传统的表型选择育种向有性杂交制种与无性利用相结合的方向转变，充分利用我国特有的山核桃属树种资源开展杂交育种研究，加快薄壳山核桃新品种培育进程。

1.2.3.2 加强科学研究，提升薄壳山核桃产业发展的科技含量

制约我国薄壳山核桃产业发展的关键还在于相关基础研究的薄弱及科技创新能力的不足。根据国内期刊网文献检索结果，目前有关薄壳山核桃的研究报道仅有120多篇，其中包括品种介绍、工作情况介绍和文献综述等90余篇，真正的研究论文仅30余篇，且大多数为引种栽培试验。中国林业科学研究院亚热带林业研究所、云南林业科学院、中南林业大学、江苏省植物研究所等单位在薄壳山核桃的种质资源收集、良种选育、扩繁技术等方面开展了一些研究工作，但薄壳山核桃的配套栽培技术还很不完善，有关薄壳山核桃的基本生物学特性、成花机制、花芽分化与性别调控、雌花促成、矮化机理等方面的机理研究尚未涉及，相应的品种配置与群体结构调控制技术、水肥控制关键技术、高效复合经营技术等远不能满足产业化发展的需要。要提升我国薄壳山核桃的产业化水平，必须从如下几个方面抓好基础研究工作：① 薄壳山核桃种质资源收集与新种质创制：进一步收集保存和评价具有高产、高抗、早丰等优良性状的薄壳山核桃新种质，建立种质管理数据库并完善育种资源保存基地；利用多性状综合选择、杂交育种、杂种优势固定和利用等技术，培育薄壳山核桃果用、果材两用和材用优良新品种。② 薄壳山核桃优良品种的扩繁技术：在进一步完善薄壳山核桃嫁接技术的基础上，开展组织培养、体细胞胚胎发生等现代快繁技术研究，形成优良薄壳山核桃品种的扩繁技术体系。③ 薄壳山核桃丰产栽培机理研究：主要开展薄壳山核桃的成花机制、花芽分化与性别调控、雌花促成、矮化机理等方面的机理研究。④ 薄壳山核桃配套栽培技术研究：主要开展薄壳山核桃品种配置与群体结构调控技术、水肥控制关键技术、高效复合经营技术等方面的研究。

1.2.3.3 实行定向培育，完善配套栽培技术体系

薄壳山核桃是集果用、材用、观赏于一体的多用途树种，因此在薄壳山核桃产业化发展过程中必须实行多用途开发。作为果用林，收获的主要是果实，配套栽培技术的关键是控制营养生长，促进生殖生长，重点要研究不同品种配置、栽培密度、立地条件、施肥技术、整形修剪技术对树体生长、果实产量、果实品质等指标的影响效果，形成薄壳山核桃果用园配套栽培技术体系。作为珍贵用材林培育，收获的主要是木材，需要系统研究品种选择、立地条件、造林密度、造林模式、肥水管理措施等对单位面积木材产量和质量的影响，目前对薄壳山核桃珍贵用材的品种选择和配套栽培技术还未引起足够重视。南京绿宙薄壳山核桃有限公司每年从大量实生容器苗的培育中，按

照五千分之一的比例，选出遗传性状好的特级苗，其生物量是平均值的4~5倍，初选出作为薄壳山核桃材用候选苗，按照良种选育的程序进行长期跟踪，目前进展顺利，前景看好，有望选育出具有自主知识产权的速生丰产的材用薄壳山核桃优良品种。如作为观赏树木培育，则重点选择树冠开阔、树干通直的特级苗，力争培育大苗，满足城市绿化的景观需求。薄壳山核桃的资源培育应根据不同的培育目标，筛选出适宜的品种和优化的定向培育模式，形成与之相配套的栽培技术体系。

第2章

嫁接繁殖研究进展及其在林木遗传改良中的应用前景

2.1 嫁接繁殖的发展历史及特性

2.1.1 嫁接繁殖的发展历史

植物嫁接技术最早起源于我国周秦时代，距今已有 2000 多年历史。嫁接技术的起源乃是因自然接木现象、扦插繁殖技术的发展及半寄生植物种间关系等启示，诱发人们去模仿、联想、探索实践，从而开创了嫁接技术新纪元。随着嫁接技术的起源及发展，到西汉时代有关于草本植物瓠的嫁接记载，是同种植物间的靠接。《齐民要术》中插梨是我国现存史料中关于果树嫁接的最早详细记载。唐宋时期，嫁接向更多种类的果树发展，并培育出一些优良品种，又因当时盛行赏玩奇花异石，促进了花卉嫁接技艺的发展。元朝政府重视桑树嫁接并着力于方法的普及，在当时已总结出 6 种桑树嫁接方法，包括身接、根接、皮接、枝接、靥接和搭接。明清时期因商品经济快速发展，对果品的内外需求增加，果树经济效益提高，从而推动了果树嫁接种类增多及地域增大，包括荔枝、龙眼、枇杷等。因嫁接能够保持林木的优良性状，近代嫁接繁殖主要用于建立种子园和无性系采穗圃。20 世纪中期为了满足日益增长的工业生产对林产品质和量的新要求，世界范围内掀起了无性系林业的热潮，而嫁接作为一种有效的无性繁殖方法越来越受到人们的重视，它不存在诱导根形成的问题，并能提早结实，提高抗逆性，许多经济林树种、针阔叶树种都采用嫁接技术扩大繁殖数量，并进行无性系繁殖造林。

2.1.2 嫁接繁殖的特性

嫁接繁殖是有目的性地将一棵植株上的芽或者枝等离体器官接到另一株拥有根系植株的枝、干或根上，使接穗吸收砧木供给的水分、营养物质等，并愈合成活形成一株新植株的繁殖方法，嫁接的枝或芽等称为接穗，而承受接穗带有根系的部分称为砧木，有时在砧穗间还存在一个连接部分称为中间砧。自体嫁接指嫁接中砧木和接穗均来自同种的同一植株，同种嫁接指嫁接双方来自同种植物的不同植株，异种嫁接是不同种植株间的嫁接。嫁接繁殖适用于有性繁殖败育且扦插压条不易生根、采用种子繁殖不能维持品种特性以及树体衰弱需恢复缺乏枝或利用砧木优良特性的树种。因嫁接接穗一般取自遗传性稳定的成龄植株，可保持品种的优良性状，并能固定植物的杂种优势。利用林木的成熟效应，促使嫁接植株只有营养期而无幼年期，从而提早开花结实，并改良果实品质，实现早期丰产。

2.2 嫁接成活机理研究进展

2.2.1 嫁接成活解剖学机理

嫁接愈合是植物嫁接成活的首要条件，通常指同种或异种植物的细胞、组织或器官相互作用并结合成一个有机整体的过程。该过程通常包括隔离层的产生，砧穗愈伤组织的形成、连接，维管束桥的形成与维管束的分化，砧穗结合成一体等不同阶段。

嫁接口隔离层的减薄消失及砧穗间愈伤组织的连接是嫁接愈合初期的关键步骤，产生的愈伤组织能使隔离层出现缺口，吸收代谢隔离层物质，使砧穗细胞直接接触，形成愈伤组织桥，并向细胞壁分泌多糖类物质，将砧穗黏合在一起，重新建立物质联系。隔离层一般由机械受伤致死的砧穗细胞细胞壁及残存的细胞质形成。在番茄自体亲和性嫁接及西瓜嫁接体（葫芦砧木）发育过程中，发现愈合初期隔离层附近细胞的细胞质浓厚，线粒体体积和数量大为增加，这与细胞受伤后呼吸强度的提高呈正相关，提供能量，促进薄壁细胞迅速分裂形成愈伤组织。此时细胞内物质合成及转移也异常活跃，细胞内靠近细胞壁处存在丰富的内质网，主要与蛋白质的合成运输有关；并产生大量高尔基体和小泡，参与合成多糖类物质及其在细胞壁上的沉积，使细胞壁加厚，促进砧穗愈合。研究发现，维管束区的隔离层在愈伤组织形成过程中被率先突破，随着嫁接口隔离层的减薄消失，其两侧细胞内出现许多壁傍体、多泡体和小囊泡，主要参与隔离层物质的沉积和撤退，且撤退现象在亲和性嫁接中更明显。自愈伤反应结束后隔离层附近细胞内高尔基体和内质网恢复正常，当维管束桥将砧穗连接起来后，在紧连隔离层细胞的细胞壁或维管束桥附近的愈伤组织细胞壁上出现多种形状的胞间连丝，且胞间连丝的次生形成以及形成的数量和形式可能反映出嫁接亲和性程度。Kollmann等在蚕豆/向日葵、瓦里亚娜凤仙花/奥利佛凤仙花2种嫁接组合中均发现砧穗细胞间有次生胞间连丝形成。环状片层在动物细胞中研究较多，它常见于分裂旺盛、分化迅速的细胞中，是一种暂时的膜性细胞器。向国胜等首次报道了在植物嫁接愈合过程中，隔离层两侧细胞内出现环状片层结构，特别是在亲和性组合中频繁出现，而在非亲和性组合中只是偶尔出现，这可能与细胞接受愈伤刺激准备迅速分裂并发生

分化有关。

砧穗间维管组织的连通是亲和性嫁接体发育成活的重要标志。在嫁接愈合过程中，砧穗维管束鞘细胞和靠近维管束周围的薄壁细胞开始分化形成管状分子，随着嫁接口的发育，愈合面处开始分化出形成层，新分化的形成层随后分化出更多的管状分子，连接砧木和接穗，维管束的重新修复确保了砧穗间物质的流通。通常情况下植物本砧嫁接易成活，因为本砧砧穗间组织学结构最为相似。杨志坚等对油茶芽苗砧嫁接愈合过程砧穗茎结构变化进行解剖观察，发现在嫁接部位愈伤组织形成前，砧木的解剖结构在短时间内由初生组织结构转化成次生组织结构，逐渐与接穗的次生结构相似，且认为砧穗解剖结构相似度越大，亲和性越好。

2.2.2 嫁接成活生理生化机制

2.2.2.1 水分和养分

水是植物体内物质新陈代谢的运输主体，自由水含量高，则有利于细胞的生长分裂，促进愈伤组织的产生。在植物嫁接愈合过程中，若自由水含量过高，则可能会引起严重的伤流，使嫁接口被伤流液淹没缺氧，影响嫁接成活。嫁接愈合过程隔离层突破前，接穗所需水分完全靠自身供应，当砧穗细胞开始接触，形成愈伤组织桥时，因砧木可自行吸水并可能通过水分自由扩散或渗透等方式向接穗提供水分。嫁接愈合初期维管束桥形成之前，接穗完全靠自身供给营养，当养分耗尽时还未形成维管束桥，则嫁接无法成活。因此，嫁接特别是枝接要求接穗粗壮且芽未萌动，而砧木选择在即将萌动之时，且嫁接后需及时将砧木的萌芽抹去，都是为了减少消耗，增加内存营养。当维管束分化形成后，砧穗可通过维管组织进行源源不断的水分和养分交换。

2.2.2.2 可溶性糖

可溶性糖是碳水化合物暂时贮藏和代谢的主要形式，在植物碳代谢和能量释放及储存中占有重要地位。嫁接体的愈合需要消耗营养物质和能量，核桃子苗砧嫁接中在砧木愈伤组织尚未形成时，砧木体内可溶性糖含量开始下降，随着砧穗愈伤组织的大量形成，砧穗黏合，砧木中可溶性糖含量逐渐升至最高，砧穗基本愈合时其含量稍微降低最终稳定。可溶性糖作为重要的渗透调节物质，在植物逆境胁迫中，能够保持原生质体与环境的渗透平衡。冯金玲等研究油茶芽苗砧嫁接体的亲和性生理时认为，随着接穗水分胁迫的加剧，嫁接体的可溶性糖含量升高，在愈伤组织分化期及输导组织分化形成后达到高峰，后趋于相对稳定趋势。王瑞等在探讨油茶芽苗砧嫁接愈合过程中砧穗相关生理指标的动态变化规律时却发现，在砧穗愈合过程中，砧木可溶性糖含量在初期短暂升高，后持续降低，愈合后最终保持稳定，而接穗中可溶性糖含量一直降低，至嫁接体完全愈合，砧穗间物质运输恢复正常时，可溶性糖含量则开始升高。

2.2.2.3 酶活性

过氧化物酶具有对感病和机械损伤等伤害的保护、促进木质化及氧化吲哚乙酸等多种功能，植物体内活性氧的动态平衡主要是通过超氧化物歧化酶（SOD）、过氧化物酶（POD）和过氧化氢酶（CAT）等酶的系统调节。植物嫁接初期，切割损伤导致植物细胞内 H_2O_2 产生，活性氧大量累积，将破坏植物膜系统。油茶芽苗砧嫁接整个伤口愈合期，嫁接体的 SOD、POD、CAT 活性均同步升高，通过酶促系统有效清除活性氧，保护嫁接体发育。同时，3 种酶均不同在愈伤组织形成、愈伤组织接触、维管束分化等关键期出现跳跃性高峰，有效促进了嫁接体愈合。相关性分析表明，POD 活性可能是影响嫁接成活的关键因素，CAT 和 SOD 活性可能是通过 POD 活性间接影响嫁接体的发育和成活。卢善发研究指出，嫁接口的发育有别于伤口愈合，嫁接初期砧穗间产生的隔离层阻隔了生长素等物质的极性运输，导致其在维管束切割面附近积累并释放到周围组织，引起嫁接面激素失衡，而此时相关过氧化物同工酶迅速表达，氧化吲哚乙酸，使激素保持平衡，促进嫁接体维管束桥的形成。

木质素在植物嫁接成活中起关键性作用，其在导管细胞壁上的沉积是维管束贯通的前提。木质化作用与过氧化物同工酶的产生及其活性变化密切有关，在牙买加辣椒和番茄的嫁接组合中，木质素沉积的部位过氧化物酶的活性较强。杨冬冬等研究发现，在西瓜嫁接体愈合初期 CAT 和 POD 活性显著升高，以清除植物体内过剩的 H_2O_2，随着 H_2O_2 含量开始下降，CAT 活性亦随之降低，然而 POD 活性仍持续升高，催化嫁接体木质素单体的脱氢聚合反应，其与木质素含量的相关系数高达 0.948，CAT 仅参与 H_2O_2 的清除。苯丙氨酸解氨酶（PAL）参与愈伤组织细胞和管状分子的分化以及木质素合成，主要分布在近表皮的细胞和维管组织中。杨冬冬等测定了西瓜嫁接体砧木和接穗的 PAL 活性，结果发现砧木 PAL 活性在木质素大量合成时出现高峰。在油茶芽苗砧嫁接口发育过程中，PAL 和 PPO 活性呈阶段性规律波动，均在愈合关键时期出现拐点，通过木质化来增强植株的抗逆性，促进嫁接成活。肉桂酸脱氢酶（CAD）主要参与木质素单体合成过程中的羟基化、甲基化及还原反应等。

2.2.2.4 植物激素

激素是植物细胞间通讯系统主要信号分子，在嫁接愈合过程中起重要调控作用。黄瓜试管苗离体茎段嫁接体的发育受外源激素的调节，卢善发等通过改变外源激素种类和浓度，并结合解剖学观察，发现在砧木培养基中加 ZT（0.25mg/L），接穗培养基中加 ZT（0.25mg/L）和 IAA（1.0mg/L）是黄瓜试管苗离体茎段嫁接愈合的最佳激素条件之一。在此激素组合下，嫁接后第 6 天所有嫁接茎段均产生维管束桥，桥和管状分子数目显著增加。当培养基中没有外源激素时，尽管采用幼嫩的下胚轴，其中含有内源生长素，而且形成的不定根也会产生细胞分裂素，但砧穗间还是难以产生贯通的维管束桥。黄坚钦等研究植物生长调节物质对山核桃嫁接的效用时指出在山核桃叶子未展时，用 IAA 等处理山核桃可显著提高嫁接成活率。

砧穗愈合过程维管组织的分化受内源激素调节。生长素促进管胞分化和形成层生长，对木质部和韧皮部的分化亦有影响。细胞分裂素增强组织对生长素的敏感性，主要在愈合初期与生长素共同调节维管组织的分化。此外，细胞分裂素和生长素还可诱导植物细胞体外直接形成管状分子。卢善发等研究认为，愈合过程中生长素和细胞分裂素共同调节嫁接体维管组织的分化，在番茄同种异株嫁接中，嫁接口上下部位 IAA 含量较稳定，而嫁接口其含量变化显著，在维管束桥形成期，砧穗 IAA 含量协同达到高峰。方佳采用酶联免疫法定量检测山核桃嫁接成活过程中 IAA 的变化，发现接穗第 6 天内源生长素达到高峰，随后形成层细胞膨大，从"砖块状"转变成"喇叭口状"，并进一步发育形成愈伤组织，表明 IAA 含量变化与嫁接亲和性及维管束桥的形成密切相关。卢善发等通过对嫁接体发育期接合部及嫁接体各部分 IAA、玉米素及玉米素核苷（Z+ZR）的 ELISA 分析，发现嫁接体维管束的再生受 IAA 和 Z+ZR 共同调节，连接砧穗间的维管束桥分化比维管束的网联要求更高的 IAA 水平及 IAA/（Z+ZR）比率。维管束网联在成功和非成功的嫁接中皆可发生，而维管束桥的分化只在成功的嫁接中产生。

2.2.3 嫁接成活分子机理

2.2.3.1 蛋白质

植物嫁接愈合的分子机理研究经历了从假设到验证的过程，但仍处于探索阶段。英国 Yeoman 等率先从蛋白质角度对植物嫁接进行了探索研究，发现砧穗愈合过程中有新蛋白质产生，从而提出"嫁接蛋白"概念，并进一步假设在亲和性嫁接愈合中，质膜能够释放出蛋白质分子，形成有催化活力的复合体，促进嫁接成活。Sabnis 等研究发现瓜类韧皮部蛋白具有种属特异性，嫁接愈合过程伴随着特异蛋白的产生。宋慧等通过配置瓜类异属间嫁接亲和／不亲和组合，分析了由瓜类异属间嫁接亲和特性引起的砧穗蛋白质谱带变化，发现不亲和嫁接组合中，砧木中愈伤特异蛋白 38 kDa 消失，接穗中出现 28 kDa 和 36 kDa 特异蛋白，在亲和性嫁接组合中，砧木中愈伤特异蛋白 39 kDa 消失，这首次揭示了嫁接亲和特性在蛋白质水平上的作用机理。冯金玲等研究了油茶芽苗砧嫁接口不同发育时期蛋白质组的变化，分析获得 40 个差异蛋白，并成功鉴定 34 个，确定 9 个与嫁接口愈合相关的蛋白质，这些差异蛋白分别参与能量代谢、次生代谢、蛋白质转录和翻译、细胞生长和分化、调控和抗性等生理生化过程。褚怀亮在进行山核桃嫁接成活相关基因克隆时发现，糖蛋白、G 蛋白（GBP）、IL1R1 受体、及泛素连接酶（UBL）的上调表达谱与 IAA 浓度的变化曲线相似，参与了嫁接愈合过程的信号转导，可能随后激活某些编码转录因子的表达，转录因子又激活 IAA 诱导的早期基因表达；砧穗中增加 IAA 的含量是嫁接成活的关键，山核桃嫁接愈合过程中 ABC 转运体（NRRL）和 IAA 运输相关蛋白 IAA 响应因子（ARF）的上调表达谱亦与内源 IAA 浓度的变化曲线相似，致使束缚态 IAA 的释放来提高内源 IAA 的浓度，从而可能促进山核桃嫁接早期维管束桥的形成。

2.2.3.2 基因

嫁接愈合过程通过细胞间表面分子的信号交流、起始细胞内的信号级联反应等调控细胞核内基因的表达，从而调控植物嫁接成活。研究发现，在不亲和砧穗接合部发育过程中，参与酚类化合物合成的关键酶 L- 苯丙氨酸解氨酶基因 *PAL*（Phenylalanine ammonia-lyase）高效转录，且嫁接的亲和性与此酶的表达类型相关，因此在早期可通过检测酚类物质的含量或 PAL 基因表达水平的高低来判断嫁接是否亲和。褚怀亮研究山核桃嫁接成活机理时成功克隆了 49 个与山核桃嫁接成活相关的 TDFs，其中有 20 个编码已知功能蛋白，它们分别在砧穗愈合不同时期被诱导或抑制，水孔蛋白（PIP1B）、细胞周期蛋白（CDC20）、IAA 响应因子（ARF）和 ABC 转运体（NRRL）基因在嫁接后 3 天或 7 天表达最强，促进 IAA 运输与释放，从而促进细胞分裂、伸长生长及水分吸收运输；编码磷酸戊糖途径作用中的甘氨酸代谢的甘氨酸催化酶（cat4）和 UDPG 转移酶（UDPGT）2 个基因在嫁接早中期上调表达，可能为细胞生长提供能量和物质基础；5 个核酸代谢相关的基因 DNA 结合蛋白（A CBF）、翻译起始因子（IF2 和 tif-4A3）、60S 核糖体蛋白、核酸外切酶（AT2G47220）基因在嫁接后不同时期增强表达，对下游嫁接成活相关基因的表达具有促进作用；蛋氨酸合酶、GTP 结合蛋白（GBP）、K1 糖蛋白基因在嫁接后 14 天上调表达，表明在嫁接成活过程中，原有蛋白质发生了降解，然后通过囊泡焦磷酸化酶的分泌修饰作用，在氨基酸合成酶的催化下合成相关氨基酸，在后期被利用合成新蛋白；对 20 个已知功能的基因进行功能分析，它们分别属于物质运输、能量代谢、信号转导、细胞周期等 9 类，并根据获得的差异表达基因，初步绘制了山核桃嫁接基因调控关系图。

2.3 嫁接引起的遗传变异及应用前景

2.3.1 嫁接引起的遗传变异机理

目前关于嫁接是否会引起植物基因变化有 2 种观点，一种认为嫁接会引起植物遗传变异，Hirata 等研究认为嫁接能诱导辣椒株型、果形以及辣椒素含量等性状产生变异，且能稳定遗传 27 代。另一种则认为嫁接不能引起植物变异，周瑞金等采用微嫁接技术将携带外源基因 npt Ⅱ 的苹果品种嫁接至正常苹果组培苗上，检测结果表明外源基因 npt Ⅱ 不会通过嫁接在砧穗间传导，只能在转化的植株体内表达。冯金玲等分析了油茶芽苗砧嫁接体发育过程砧穗间是否发生了基因变化，研究发现在愈合过程中愈伤口和嫁接口 AFLP 的条带数呈波动变化，可能是愈伤口和嫁接口在阶段性发育中发生了基因组甲基化；在接穗母树茎、接穗萌发芽和砧木茎 DNA 中有 13 条特异带，其中 5 条为接穗萌发芽特有条带，并推断接穗萌发芽存在特异条带的 3 种原因，一种原因可能是嫁接所引起的环境压力影响了接穗，活化了转座子，导致变异，另一种可能是产生了基因甲基化，并调控接穗芽的发育，最后一种原因可能是砧穗间存在基因交流。

一般研究认为砧木中的营养物质和一些信号物质如激素、RNA 分子等能够随着水分运输在嫁接植株间进行传递与交流，2009 年 Stegemann 等证明了在嫁接过程中，遗传信息如质粒基因组或者大的 DNA 片段在植株之间发生了传递，为"嫁接诱导遗传变异"现象提供了合理的分子水平的解释。吴蕊研究了茄科植物嫁接所引起的可遗传甲基化变异及其可能机制，指出嫁接能够引起一定频率的 DNA 甲基化模式的变化，接穗产生的变化更为剧烈；基因组范围的 DNA 甲基化水平变化较小；其甲基化变异主要通过减数分裂传递给后代，也有少数变异位点发生或者进一步变化。嫁接导致的遗传变异现象普遍存在，但并不是所有的嫁接都能够诱导植株产生变异，到底怎样的嫁接才能诱导植物产生遗传变异，目前关于嫁接变异的产生机制主要有 2 种观点，一种是表观调控诱导的遗传变异，Boyko 等研究发现植物在逆境中能够通过组蛋白修饰和 DNA 甲基化等表观遗传调控途径应对不利环境，且此种适应性大多数能够以孟德尔方式遗传给后代。第二种是砧穗间的遗传物质主要通过胞间连丝的短距离运输以及维管束长距离运输进行水平转移。Stegemann 和 Bock 采用 2 种转基因烟草株系进行了系统性的嫁接试验研究，发现嫁接引起 2 种不同标记的烟草细胞质体间产生了基因交流，且交流是双向的。他们认为在相邻紧密的细胞之间，整个细胞器以及细胞器的大片段 DNA 能够进行转移，并推断异源细胞间的遗传物质通过胞间连丝传递。维管束中随糖类物质一同运输的 RNA 和蛋白质等能够调控植物生长发育。Hannapel 报道马铃薯叶片中产生的块茎发育信号能够通过嫁接接合部向下转移至匍匐茎茎尖，从而调控马铃薯块茎的形成。

2.3.2 应用前景

随着嫁接技术的应用范围进一步拓宽，其应用前景也将更加广阔。RNA 在嫁接植株间的可传递性为植物嫁接育种提供了一种新的思路。嫁接遗传变异作为特殊的育种方法，具有优越性，与其他育种方法相比，操作简单，易于开展。它能够突破植物不同属间、种间有性育种中的不亲和性，从而培育特殊的远缘嫁接杂种。在嫁接育种中，可通过控制产生嫁接嵌合体，它集砧穗双方于一体，可产生砧木和接穗两方互补的性状。因 RNA 可转移性，将接穗嫁接到抗逆性强、韧皮部中具有移动 RNA 的砧木资源上，能有效提高植物抗逆性，并获得新变异品种。此外，将编码能够长距离运输的 mRNA 的基因植入砧木内，将接穗嫁接至转基因砧木后，砧木体内表达的外源 RNA 分子能够在嫁接接合部通过维管系统转移至接穗，从而改善接穗性状。若对植物维管系统长距离运输的 RNA 信号调控机理能够深入掌握，则可以利用这种远程信号调控进行有目的性的嫁接，从而改善接穗的开花习性、抗逆性以及植物品质等性状，能够有效降低生产成本。

利用植物嫁接育种途径获得高品质果蔬，可代替转基因，从而有效降低转基因风险性。转基因植物乃是人们将控制某种性状的基因进行人工分离和修饰后，植入目的植物体中，从而改造生物。转基因植物可通过花粉传播形式将基因转移至其他植物体中，将对生态系统及生物遗传多样性等造成破坏。在植物嫁接育种中，可通过特定砧穗间 RNA 的传递，使砧穗改变性状，如植物抗性、果实品质以及产量等，接穗的 DNA 序列却不受影响，从而使转基因风险得到有效控制。

探究嫁接遗传变异的产生机理对合理利用嫁接技术诱导产生优良性状具有重要理论意义，且人们试图将嫁接植物韧皮部中 RNA 分子长距离运输作为植物新的信号调控模式。但目前为止，对于嫁接变异的产生和维持机制的研究还不够完善，如有科研工作者猜测当接穗为处于非感受态的成年果树时，就难以接受来外源遗传物质的转化而产生变异，保持接穗的品种特性，只有当接穗为感受态幼嫩的植物组织时，才容易接受来自砧木的遗传信号物质并产生变异。此外，关于嫁接变异遗传规律的分析研究亦甚少，因此系统性研究嫁接对嫁接体当代以及后代的影响对于全面揭示嫁接遗传变异的分子机理尤为重要，有待于进一步探究。

第*3*章

薄壳山核桃嫁接愈合过程的解剖学研究

3.1 嫁接成活的形态学观察

　　薄壳山核桃最常用的嫁接方法是春季枝接和生长季方块芽接。枝接通常在 4 月中下旬进行，此时薄壳山核桃芽尚处于休眠状态，由灰褐色芽鳞片包被，通常接后 2 周后，芽陆续萌动，呈淡黄绿色，3 周后芽生长显著，并陆续展叶，叶呈黄绿色，稍皱。5 月下旬，叶片基本展平，叶面较绿，叶背较黄，接穗高生长明显。方块芽接可在 6~9 月上中旬的整个生长季进行，通常嫁接后 20 天左右砧穗即可愈合，需要及时解绑，8 月份以前嫁接的芽片 1 个月后萌发，当年能抽生出 10~20 cm 长的枝条，后期嫁接的芽片当年不萌发，带芽过冬，翌年 2~3 月芽萌动前要及时剪砧，当年能培育出苗高在 1.5m 左右的嫁接苗（图 3-1）。

图 3-1　薄壳山核桃的枝接和方块芽接

3.2　砧木与接穗横切面显微结构观察

　　薄壳山核桃的接穗与砧木横切面在结构上基本一致。从外至内，依次为表皮、周皮、皮层、韧皮部、形成层、木质部和髓。皮层包括厚角组织和薄壁细胞。韧皮部十分发达，具有明显的纤维细胞团、韧皮薄壁细胞、韧皮射线和髓射线，髓射线连接皮层和髓，在横切面上呈放射状，像一个漏斗，有横向运输和贮藏养分的作用。形成层很薄，仅有3~5层细胞。木质部的木纤维发达，导管星散排列，木射线多数为单列射线，通过形成层的射线原始细胞和韧皮射线相连，共同构成维管射线，射线细胞细胞质浓厚，有横向运输和贮藏养分的作用。髓细胞体积较大，排列松散（图3-2）。

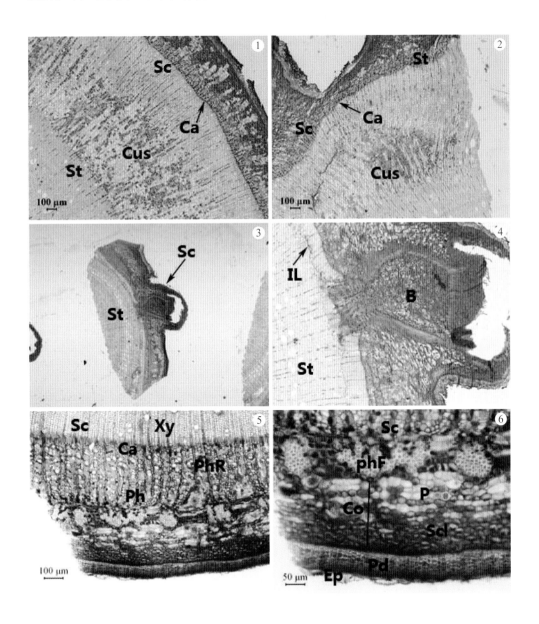

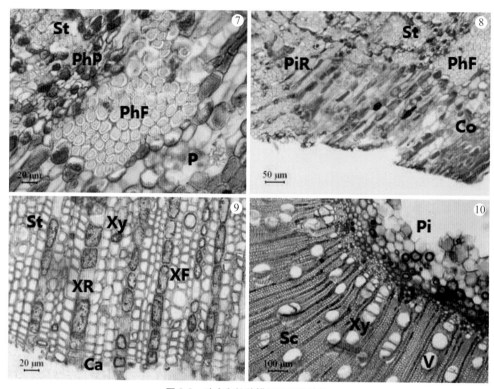

图 3-2　砧木和接穗横切面显微结构

名词缩写：St 砧木，Sc 接穗，IL 隔离层，B 芽，Ep 表皮层，Pd 周皮，Scl 厚壁细胞，P 薄壁细胞，Ph 韧皮部，PhF 韧皮纤维，PhP 韧皮薄壁细胞，Ca 形成层，Xy 木质部，XF 木纤维，XR 木射线，V 导管，R 射线，Pi 髓
1. 芽接 2 个月后，砧木和芽片之间的愈伤组织细胞，芽片形成层向内分化出多层木质部细胞；2. 芽接 2 个月后，砧木和芽片之间的形成层连接，构成形成层环，砧木分化出较多的木质部细胞，明显增粗，芽片内陷；3、4. 芽接 2 个月后，接穗芽轴基部与砧木木质部连接，接穗与砧木间的隔离层明显，嫁接初期形成的界面被保留；5、6. 接穗表皮层、周皮、皮层、皮层厚壁组织、皮层薄壁细胞、韧皮部、韧皮纤维、韧皮射线、形成层、木质部、髓射线；7、8、9、10. 砧木皮层、皮层薄壁细胞、韧皮纤维、韧皮薄壁细胞、形成层、髓射线、木质部、木射线、木纤维、导管、髓

3.3　薄壳山核桃嫁接愈合过程的显微结构观察

　　嫁接愈合是植物的器官、组织或细胞相互影响、相互作用结合成一个有机整体的过程，其组织学和细胞学变化是嫁接愈合过程观察的关键。薄壳山核桃嫁接愈合过程中最开始的阶段是隔离层的消长变化。隔离层是切削面上因嫁接刀切割受伤致死的细胞挤压而成的，经过了形成、加厚、解体、和消失的过程。随着愈伤组织不断形成与

分化，维管束桥形成并贯通，维管组织分化并连接，砧穗结合形成一个有机整体，嫁接成活。整个过程可分为四个阶段（图3-3）。

3.3.1 隔离层形成及砧穗初始黏连

在嫁接前，接穗与砧木的形成层已经开始分裂，形成2～5层新生木质部细胞（图3-3中1，2）。嫁接3天后，接穗嫁接切面上的皮层与韧皮部细胞，由于嫁接时被嫁接刀切伤、破裂，发生了愈伤反应，变成黑褐色，从而形成明显的隔离层（图3-3中4）。嫁接6天后，砧木嫁接切面上的隔离层开始出现（图3-3中5），且隔离层内侧细胞富含颗粒状物质（图3-3中6）。嫁接9天后，接穗仍未形成愈伤组织，但形成层继续分裂（图3-3中7）。

3.3.2 愈伤组织的生长与隔离层的解体、消失

嫁接12天后，接穗形成层开始分化出愈伤组织细胞，沿木质部向髓心方向生长（图3-3中8）。嫁接15天后，砧木形成层也分化出愈伤组织细胞，生长方向与接穗相同（3-3中9），其分化时间晚于接穗。嫁接20天后，由于愈伤组织不断分化积累，在接穗嫁接切面上已形成体积较大的愈伤组织细胞团（图3-3中10）。这一时期的接穗已逐步展叶，愈伤组织的大量分化可能与接穗叶片开始进行光合作用有关。

3.3.3 砧穗间维管束桥的形成与贯通

嫁接25天后，愈伤组织已将接穗和砧木间的空隙填满，形成维管束桥，愈伤组织细胞液泡化，体积较大，排列凌乱，疏松，番红固绿染色后成紫色，与红色的木质部和绿色的韧皮部区分明显。形成层环也在同一时期形成，呈亮绿色，比较明显，较为曲折，连接砧木和接穗的形成层（图3-3中11）。

3.3.4 砧穗间维管组织的分化与连接

嫁接30天后，形成层环向内分化形成次生木质部，含有较多新生导管，导管密度较大，直径较大，排列紧密，供应水分和矿质元素，向外分化形成次生韧皮部，至嫁接后起35天左右，砧、穗完全结合成一体（图3-3中12），愈合过程基本结束。未成活的嫁接体，嫁接切面上的愈伤组织断裂，细胞较少，部分细胞颜色较深，已褐化（图3-3中13）。在愈伤组织细胞中还发现具有网状纹孔的导管分子，可能起到物质交流通道的作用（图3-3中14）。

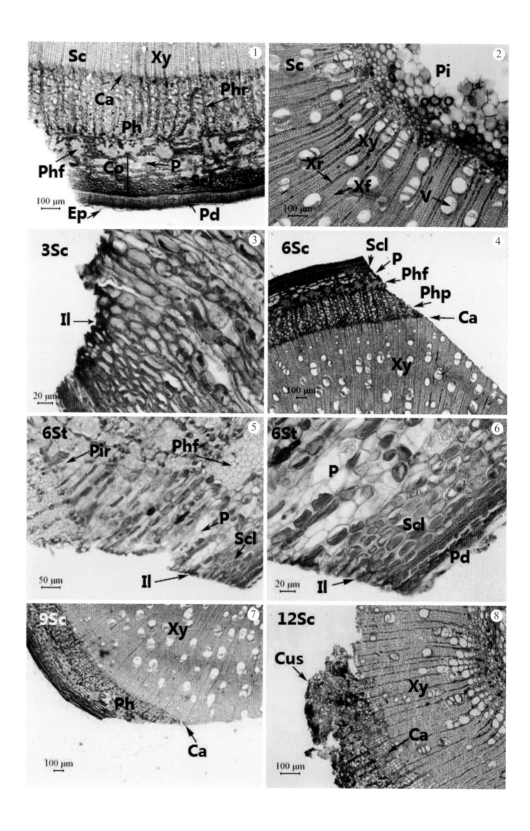

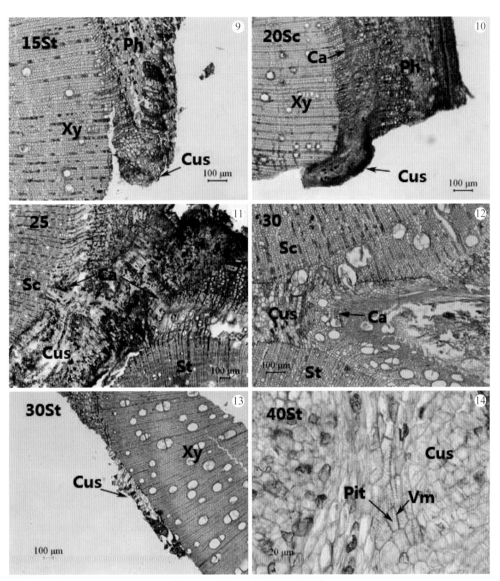

图3-3　砧穗愈合过程的显微观察

1、2.接穗横切面结构；3.嫁接3 d后接穗隔离层；4、5、6.嫁接6 d后接穗和砧木的隔离层；7.嫁接9 d后接穗嫁接切面附近的组织细胞；8.嫁接12 d后接穗嫁接切面附近的形成层生出的愈伤组织细胞图；9.嫁接15 d后砧木嫁接切面附近的形成层生出的愈伤组织细胞图；10.嫁接20 d后接穗嫁接切面上不断向髓心生长的愈伤组织；11.嫁接25 d后愈伤组织填满砧穗间隙并出现形成层环；12.嫁接30 d后形成层环分化出的新生维管组织；13.嫁接30 d后死亡嫁接体嫁接切面上的愈伤组织细胞；14.嫁接40 d后愈伤组织分化出的导管分子

3.4 薄壳山核桃嫁接愈合过程的超微结构观察

在愈伤组织细胞膜内侧，有较多壁旁体、小泡和多泡体（图3-4）等膜状结构。壁旁体呈不规则形状，由多个染色后颜色较暗的小泡聚集而成，直径约 3 μm。小泡的直径约 1 μm，有些小泡从细胞膜外侧进入内侧，与细胞膜紧密相连，呈过渡状态，可能与细胞内外的物质运输和交换有关。多泡体由多个染色后，颜色较淡的小泡组成，外被单层膜，直径约 3 μm。在细胞壁表面有瘤状突起，连接着相邻的细胞，可能具有一定的黏连作用。愈伤组织细胞间的紧密联系，是砧木和接穗充分连接并最终融为一体的基础，细胞间可能存在着活跃的物质、能量和信号交换过程。

嫁接愈合可能与细胞壁突起、小泡和多泡体等细胞结构相关。已有学者研究证明，细胞壁突起可分泌出起黏合作用的果胶物质。果胶物质又可作为信号分子，参与细胞识别，引导嫁接亲和与不亲和反应。因此，细胞壁突起的形成，可能为薄壳山核桃砧木和接穗愈伤组织细胞的接触、黏连及融合提供了结构条件，其具体作用仍需进一步研究。膜状结构与细胞内吞作用和胞吐作用相关，负责营养物质和信息物质在细胞内外的运输，同时与细胞呼吸作用和细胞壁物质的代谢有关。膜状结构的大量生成可能与砧木和接穗细胞间的"沟通"密切相关。

从嫁接愈合过程进行分析，愈伤组织的形成和维管束桥的构成是嫁接成活的两个重要阶段。在这两个阶段内，嫁接体构成愈伤组织桥与形成层环，使砧木和接穗真正连接。这一时期发生在嫁接后一个月左右，是薄壳山核桃嫁接愈合的关键时期。对死亡嫁接体的观察比较发现，愈伤组织生长受阻，嫁接愈合过程中断是影响嫁接成活的重要内因，其特点是愈伤组织未充分填充砧穗间隙，不能形成愈伤组织桥和形成层环。因此，为愈伤组织的生长与维管桥的构成创造有利条件，是嫁接技术改进的重要途径。可从嫁接时期选择、土壤墒情监测和包扎材料选择、嫁接技法选择和植物生长调节物质的选用等技术途径进行改进。本书中超微结构部分重点观察了愈伤组织细胞的特征，但对愈合过程中，形成层细胞向愈伤组织细胞转化时的细胞特征、愈伤组织向新的形成层和管状分子转化时的细胞特征研究还不够深入。为更加深入地探究嫁接愈合机理，关键部位、关键时期的细胞结构变化、细胞功能变化、生理生化和遗传物质交流等方面都有待进一步研究。

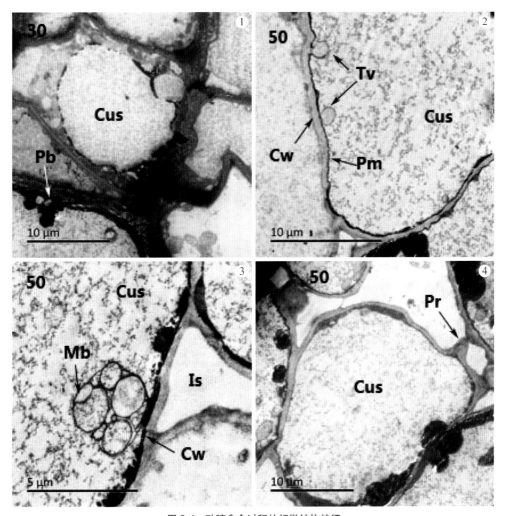

图3-4　砧穗愈合过程的超微结构特征

1.嫁接30 d后愈伤组织细胞的壁旁体；2.嫁接50 d后愈伤组织细胞的小泡；3.嫁接50 d后愈伤组织细胞的多泡体；
4.嫁接50 d后愈伤组织细胞的细胞壁突起

第4章

薄壳山核桃嫁接愈合过程中的生理生化变化

4.1 嫁接愈合过程接合部营养物质含量动态变化

4.1.1 可溶性糖含量动态变化

如图4-1所示，嫁接口韧皮部和形成层可溶性糖含量总体上呈先降后升的变化趋势，嫁接愈合前期，即0~10天，可溶性糖含量显著下降，第5天降至最低谷，其可溶性糖含量为嫁接时的41.65%。在愈合中期和后期，即10~31天，可溶性糖含量在快速上升形成一个小高峰后逐渐趋于平缓。实生对照在31天前，可溶性糖含量小幅波动，除嫁接当日，愈合结束前对照可溶性糖含量高于嫁接苗，总体上高出52.03%，其中第10天两者差异最大，高出165.44%。愈合完成后，实生苗可溶性糖含量降至与嫁接苗相当的水平。

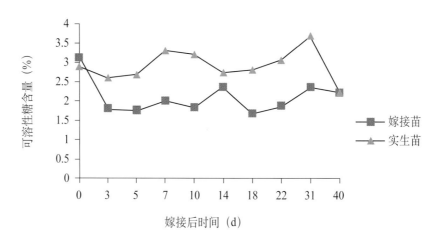

图4-1 薄壳山核桃芽接愈合过程中可溶性糖含量动态变化

4.1.2　淀粉含量动态变化

如图 4-2 所示，嫁接结合部在芽接后各时期其淀粉含量总体呈先降后升的变化趋势。前 10 天，淀粉含量缓慢下降至最低点，随后呈显著升高的趋势，至 40 天升至接后最大值，高于嫁接当天的 151.91%。实生对照以双峰曲线的规律波动，第一个高峰出现在接后 3 天，第二个高峰出现在接后 18 天，随后逐步下降。实生苗淀粉含量在 0～22 天高于嫁接口，平均高 60.71%，18 天差异最大，达 197.63%；31～40 天嫁接苗淀粉含量高于实生对照，平均高 61.60%。

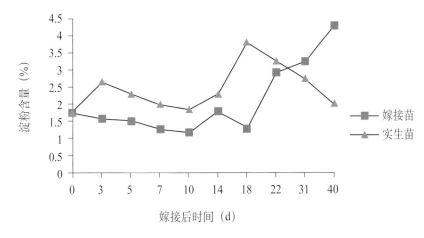

图 4-2　薄壳山核桃芽接愈合过程中淀粉含量动态变化

4.1.3　可溶性蛋白质含量动态变化

可溶性蛋白质含量变化如图 4-3 所示。由图中可以看出，实生苗可溶性蛋白含量总体上变化缓和，而嫁接苗接合部可溶性蛋白含量在嫁接愈合过程中总体上呈"上升、下降、上升、下降、再上升、再下降"的规律，其变化曲线呈"三峰"的特征，3 个高峰分别出现在接后第 7，14 和 31 天，其蛋白质含量分别高出对照的 3.8%，5.7% 和 13.8%，略高于对照，且 3 个峰值间差异不显著。除以上 3 个峰期外，在愈合过程的大部分时期嫁接苗可溶性蛋白质水平均低于对照，其中接后 10，18 及 22 天差异尤为明显，分别低于对照的 24.5%，29.9% 和 34.2%。到愈合末期，蛋白质含量恢复至正常水平，与实生苗对照相当。

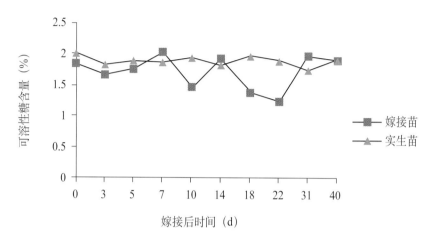

图 4-3　薄壳山核桃芽接愈合过程中可溶性蛋白含量动态变化

4.2 嫁接愈合过程接合部单宁含量动态变化

由图 4-4 所示，嫁接后各时期，嫁接苗和实生苗在韧皮部及形成层单宁含量的变化上呈相反的趋势，嫁接苗单宁含量在愈合的前 7 天趋于下降，接后 7 天起，单宁含量在 1.83% 的平均值处平缓波动。而实生对照的单宁含量从第 3~7 天升高，7~31 天在平均值 2.16% 处波动，从 31 天后又显著升高，高于平均值的 53.2%，其含量水平整体上趋于

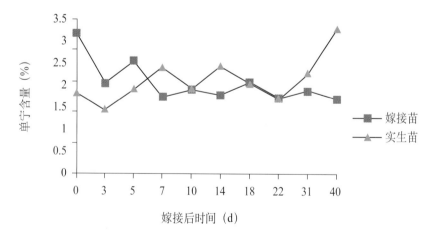

图 4-4　薄壳山核桃芽接愈合过程中单宁含量动态变化

上升。从图中还可看出，实生苗单宁含量从 3 天开始逐渐升至高于嫁接苗的水平，7 天以后两者差异趋向显著，且实生苗单宁含量在愈合期间的波动幅度大于嫁接苗。

4.3 嫁接愈合过程接合部内源激素含量动态变化

4.3.1 生长素（IAA）含量动态变化

嫁接体愈合期间韧皮部和形成层 IAA 含量变化如图 4-5 所示，由图可知，嫁接部 IAA 含量总体上呈"下降、升高、下降"的趋势。愈合初期，IAA 含量迅速下降，第 5 天降至最低值，为嫁接时的 41.91%，随后 IAA 含量在波动中上升，至 18 天升至最高峰，其含量恢复至与嫁接时相当的水平，在愈合末期，IAA 含量呈下降趋势。总体而言，嫁接苗在 0~5 天内 IAA 的平均含量（56.70ng/g·Fw）低于随后一段时期的平均值（62.13ng/g·Fw），对照的变化正好相反，前期（0~7 天）IAA 含量以较高的平均值（69.61ng/g·Fw）大幅波动，10~40 天平均值为 49.69ng/g·Fw，且波动趋于平缓，至愈合结束，两者 IAA 含量处于相当的水平。

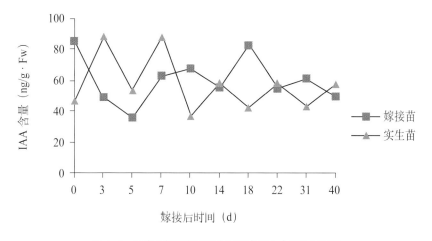

图 4-5 薄壳山核桃芽接愈合过程中 IAA 含量动态变化

4.3.2 玉米素（ZR）含量动态变化

ZR 是存在于植物体中的一类细胞分裂素，如图 4-6 所示，嫁接体发育期间接合部 ZR 含量总体上呈"降低、上升、下降"变化趋势，与 IAA 变化类似。愈合前 7 天，ZR 含量快速下降，7 天降至最低点，此时 IAA 含量仅为嫁接当天的 16.42%，随后快速升高，

10天达到一个小高峰，之后略微下降又快速上升，18天形成一个高峰，其值相对最低值上升了358.22%，愈合后期又下降。对照IAA含量的变化规律则相反，呈"升、降、升"的单峰波动，两者的最高峰和最低谷在接后7和18天相互对应，分别相差4.40和2.12倍。

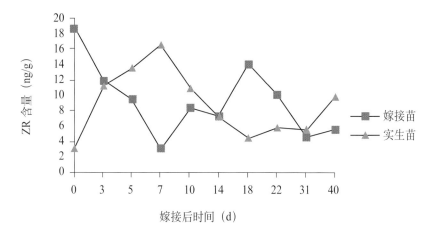

图4-6 薄壳山核桃芽接愈合过程中ZR含量动态变化

4.3.3 赤霉素（GA3）含量动态变化

从图4-7可看出，接合部、韧皮部和形成层GA3含量在整个愈合期内变化不甚明显，仅在31天形成一个小高峰，在此之前GA3含量波动平缓。实生苗GA3含量

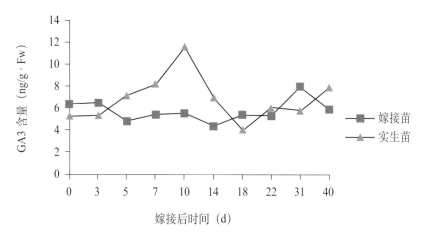

图4-7 薄壳山核桃芽接愈合过程中GA3含量动态变化

在接后各时期的变化较为明显，随着接后天数的延长，GA3 含量逐渐升高，10 天形成最高峰，其 GA3 水平相对嫁接时提高了 116.97%，随后大幅下降，18 天降至最小值，为最大值的 34.98%，之后又缓慢上升。从平均水平来看，实生苗 GA3 含量（6.84ng/g·Fw）要高于嫁接苗（5.77ng/g · Fw）。

4.3.4 脱落酸（ABA）含量动态变化

ABA 含量变化如图 4-8 所示，对于嫁接苗而言，接后前 10 天，ABA 含量缓慢下降，10 天快速上升，至 14 天形成一个小高峰，14~18 天含量下降，从 18 天起又缓慢上升。实生苗的变化规律则不同，接后 0~18 天，ABA 含量呈缓慢下降的趋势，18 天后有一个短期内快速下降的变化，22 天降至最低点，而后又大幅上升。在整个愈合期内，实生苗 ABA 含量的平均水准为 121.09ng/g · Fw，高出嫁接苗均值（73.88ng/g · Fw）的 63.91%，表明较低的 ABA 含量有助于嫁接体成活。

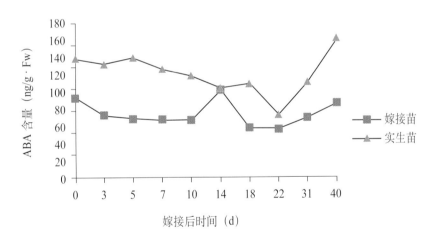

图 4-8　薄壳山核桃芽接愈合过程中 ABA 含量动态变化

4.3.5 IAA/ZR含量比值动态变化

韧皮部和形成层 IAA 和 ZR 含量的比值的变化可直接反应愈合过程中两种激素间的相互作用。从图 4-9 中可发现，嫁接苗 IAA/ZR 的比值总体上以"双峰"的形式波动，接后前 5 天，比值缓慢下降，而后急速上升，7 天达最大值，其比值为嫁接时的 4.50 倍，随后 3 天比值急剧下降，10~22 天下降幅度变缓，22 天后再度上升，至 31 天形成第二个高峰，此时比值是嫁接时的 2.88 倍，愈合末期又下降。实生对照 IAA/ZR 值的波动相

对缓和，基本呈现下降后略有回升的趋势。嫁接苗在接后 7～10 天的时段内，该比值显著高于对照，其中两者的最大差异出现在接后 7 天，此时嫁接苗比值高出对照 284.42%。

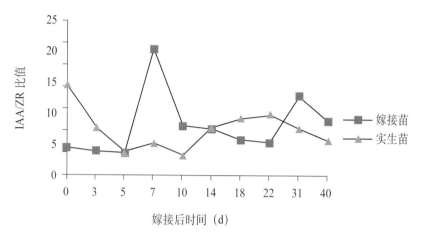

图 4-9　薄壳山核桃芽接愈合过程中 IAA/ZR 含量比值动态变化

4.3.6　IAA/ABA含量比值动态变化

图 4-10 所示嫁接愈合期间韧皮部和形成层 IAA 和 ABA 含量的比值的变化，可据此分析愈合过程中两种激素间的相互作用。从图上可看出，嫁接苗该比值的变化呈"双峰"的规律，在接后 5 天内一直处于下降趋势，随后升高，10 天达到第一个高峰，

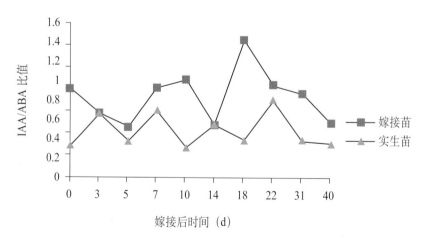

图 4-10　薄壳山核桃芽接愈合过程中 IAA/ABA 含量比值动态变化

峰值与嫁接时的值相近，此后 IAA/ABA 值经历一个快速下降与快速升高的过程，18d 达到最大值，为嫁接初始值的 1.56 倍，后期又逐步下降。实生苗的比值在愈合期间始终在 0.31～0.81 的范围内波动。从图上还可发现，嫁接苗比值在整个成活期内一直高于对照，平均高 71.96%，表明较高的比值可能有利于嫁接成活。

4.4 结论与讨论

可溶性糖、淀粉及可溶性蛋白质能为嫁接愈合提供物质和能源基础。单宁在空气中会被氧化成不溶性物质，影响砧穗细胞接触，不利于嫁接成活。内源激素对嫁接愈合起着或促进或抑制的作用。IAA 促进细胞分裂，诱导维管束分化，促进愈合；ZR 促进细胞分裂，促进愈合；GA3 抑制形成层和维管组织的分化，不利于嫁接愈合；ABA 抑制接合部组织生长和分化，但在维管束分化的关键期抑制过度生长，调控组织由生长转向分化，有利于嫁接愈合。激素间存在相互作用，其中 IAA 和 ZR 相互协同，IAA 和 ABA 相互拮抗。

4.4.1 可溶性糖与嫁接愈合

糖是生物体内重要的能源和碳源。可溶性糖由光合作用直接合成，它可以以淀粉的形式贮存在细胞内，通过生物氧化为细胞提供能量；以纤维素形式作为植物细胞壁骨架；又能为各种生物大分子的合成提供前体。可溶性糖分解中间产物可为氨基酸、核苷酸、脂肪的合成提供还原剂和碳骨架。同时，作为一种渗透调节物质，可溶性糖还与细胞抗逆性有关。芽接后接合部可溶性糖含量总体呈先降后升的趋势，与核桃芽苗砧嫁接的研究结果相似。嫁接苗可溶性糖含量在接后 0～10 天、14～18 天呈下降趋势，而这两个时段分别是愈伤组织生长和形成层连接的时期；嫁接苗可溶性糖含量在几乎整个愈合期内低于对照，由此说明芽接体发育需要足够的可溶性糖为细胞分裂和分化提供能量。

4.4.2 淀粉与嫁接愈合

在代谢活动中，淀粉能被分解为可溶性糖，为嫁接愈合提供物质和能量。本试验结果显示，芽接后前 10 天接合部淀粉含量缓慢下降，且显著低于对照，说明此时淀粉正缓慢分解为可溶性糖参与愈伤组织的生长过程。此外，对四合木、仙客来的研究均表明，淀粉的积累与愈伤组织的分化有很大关系，本试验结果与之相符，从芽接后 10 天至愈合完成，接合部淀粉含量呈大幅升高的趋势，并超过对照，表明淀粉积极地参与愈合过程中的组织形态建成。

4.4.3 可溶性蛋白质与嫁接愈合

本试验结果显示,嫁接苗接合部可溶性蛋白含量总体上低于对照实生苗的含量,这表明愈合过程中嫁接体对可溶性蛋白的大量消耗使该指标在大部分时间内低于正常水平。嫁接口处可溶性蛋白含量下降最显著的两个时间段:7~10天、14~22天,在解剖学上分别对应愈伤组织生长、形成层和维管束连接两个阶段,此时需要消耗大量蛋白质用以合成细胞结构完整性物质并提供能量,以维持正在进行的快速分裂和分化。此外还可注意到,愈合过程中出现的3个峰值相差无几,这也说明嫁接口处可溶性蛋白的积累有一个"最高限度"。

4.4.4 单宁与嫁接愈合

单宁存在于植物细胞,嫁接时,接面细胞遭受机械损伤,单宁随之释放,遇空气氧化为不溶性物质并逐渐淤积,阻碍细胞间的接触和交流。对本试验而言,芽接后,随着嫁接体逐步愈合,单宁含量也呈下降趋势,而实生对照的单宁含量则总体上升,呈相反趋势,并从7天起维持在不低于嫁接苗的水平,说明较高的单宁含量不利于嫁接成活。这一结果与多数学者的观点相同,但与曲云峰等的研究结果不同,Hong等认为,单宁对嫁接成活有一定的阻碍作用,但不是主导因子。根据这一结果,在嫁接过程中应尽量缩短接面暴露在空气中的时间,同时需要开伤流口的方式及时排除伤流,防止伤流液中的单宁影响接口愈合。综合嫁接前期的解剖学特征还可知道,作为产生隔离层的主要因素之一,单宁含量的变化会影响隔离层消长,单宁含量的适时降低可限制隔离层的增厚,间接为愈伤组织突破隔离层创造条件。

4.4.5 内源激素与嫁接愈合

IAA是一类重要的植物激素,一般由茎端分生组织、嫩叶和发育中的种子合成,具有促进细胞分裂和伸长、调控维管组织发育等生理效应。有不少研究表明IAA会影响嫁接体愈合。卢善发等在研究中发现,亲和与非亲和组合在嫁接后期IAA含量变化不同,在非亲和的组合中,IAA急剧减少,而亲和性组合在后期维管束分化阶段,其IAA含量达最高峰,可见IAA对嫁接体发育有重要作用。Yin等通过转录水平上的分析,认为IAA对愈伤组织向维管束分化的刺激作用与其在砧穗中的局部累积有关。在本试验中,嫁接体IAA含量在经历一个短期内的快速下降后,于芽接后5天开始上升,并一直维持在相对较高的水平,且高于对照,直到愈合结束,而解剖学研究结果显示这一时段嫁接体依次进行愈伤组织增殖、形成层连接和维管组织分化,说明IAA含量的升高有助于嫁接成活。高浓度的IAA诱导韧皮部和木质部的分化,而低浓度IAA仅诱导前者发生,本试验中芽接后18天接合部IAA含量达最高峰,表明18天以后是木质部分化的高峰期。

对比 IAA 和 IAAO 的变化情况还可发现，前者的变化受后者影响，但主要体现在前期，18 天以后两者变化无明显对应关系，可推测 IAA 的降解还存在其他调节途径。

植物中的细胞分裂素主要分布于正在进行细胞分裂的部位，如茎尖、根尖、未成熟的种子和生长中的果实等，ZR 是其中最为常见的一种。芽接后，嫁接口处 ZR 含量先快速下降，至 7 天起开始升高，18 天达峰值并显著高于实生对照，解剖学观察结果显示，这一时段恰好是砧穗愈伤组织生长、连接和形成层分化连接的时期，细胞分裂活动旺盛，说明 ZR 能促进砧穗细胞分裂和横向扩大，对嫁接成活有积极作用。

GA3 能促进细胞伸长。有研究表明，GA 可抑制形成层和维管组织的分化，对其发育起负调控作用。在本试验中，嫁接苗 GA3 含量在芽接后大部分时间内波动平缓，仅在 31 天出现一个小高峰，且在大部分时期内其 GA3 含量低于实生对照，说明接合部较低含量的 GA3 有利于嫁接体成活，末期小高峰的出现可认为是对维管组织过度分化的限制。

ABA 通常被认为是一种生长抑制性激素，它能促进休眠、促进衰老脱落、抑制萌发生长和调节气孔运动，从而提高植物抗逆性。牛晓丹在研究板栗的嫁接后认为，嫁接体愈合属于特殊的逆境生长，砧木和接穗需要消耗大量的养分，ABA 可适当抑制愈伤组织的过度生长，调控组织的生长和分化，有利于嫁接愈合。本试验结果符合这一结论，芽接后各时期，嫁接苗 ABA 含量均低于对照。10~14 天、22~40 天分别是愈伤组织生长和输导组织分化的高峰期，由嫁接苗 ABA 含量上升，可知此时 ABA 正起着负调控的作用。

植物生长发育受多种生长物质调节，起作用的往往不是单一激素，而是多种激素相互作用、综合调控。嫁接愈合也不例外，因此探究其过程中各激素间的互作就显得十分重要，这其中最受关注的是生长素和细胞分裂素的相互作用。本试验中，ZR 和 IAA 的变化趋势基本一致，说明两者起协同作用。卢善发等认为，IAA 和 ZR 协同调控导管与筛管的分化，且 ZR 自身无法诱导维管束分化，需与 IAA 协同作用。ZR 加强 IAA 的极性运输，因而可以增强 IAA 的生理效应。此外，由 IAA/ZR 比值的变化可知，嫁接后 5~14 天，嫁接苗比值高于对照，IAA 含量较高，而 ZR 含量较低，IAA 起主要调控作用，促进愈伤组织增殖；嫁接后 18~22 天，嫁接苗比值低于对照，IAA 含量较低，ZR 含量较高，ZR 起主要调控作用，促进形成层细胞分裂；接后 31~40 天，嫁接苗比值高于对照，IAA 含量较高，而 ZR 含量较低，IAA 起主要调控作用，诱导维管组织分化。由此可见，在协同调控中，IAA 和 ZR 的作用不是等同的，而是随着愈合进程有所侧重。

本试验还探究了其他激素的相互作用：芽接后各个时期接合部 IAA/ABA 比值均高于实生对照，表明 IAA 与 ABA 呈相互拮抗的作用。卢善发在研究植物离体茎段嫁接后，认为 ABA 能抑制 IAA 的极性运输；ABA 和 GA3 作用相反，但这种拮抗关系在试验结果中并未体现，原因可能在于两者的作用主要存于萌发与休眠的关系中，前者促进休眠，后者打破休眠。

第5章
薄壳山核桃嫁接愈合过程中的
蛋白质组学分析

5.1 嫁接愈合部位不同发育时期的蛋白质图谱分析

薄壳山核桃嫁接愈合部位不同发育时期的蛋白质图谱如图 5-1 所示。使用 Image Master TM 2D Platinum Software 7.0 软件对所获得的蛋白质图谱进行分析，结果发现在嫁接后的第 0，1，6，10，25 天检测到的总蛋白点数分别为 1852，2566，1758，1511，2656 个。多数蛋白点的分布范围为：等电点（pH）5~7，分子量（Mr）20~60 kDa。以嫁接后第 0 天为对照，检测表达量有 2 倍以上差异的蛋白点，发现共有 110 个差异蛋白，其中在嫁接后第 1，6，10，25 天的差异蛋白点数分别为：45，62，87，76 个。

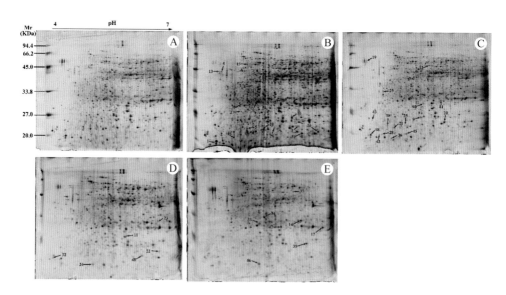

图 5-1　薄壳山核桃嫁接愈合部位不同时期的蛋白质图谱。图中的数字代指鉴定成功的蛋白
A. 嫁接后第 0 天；B. 嫁接后第 1 天；C. 嫁接后第 6 天；D. 嫁接后第 10 天；E. 嫁接后第 25 天

5.2 差异蛋白质的鉴定及表达模式分析

选取如图 5-1 所示的 48 个差异蛋白点进行后续分析。切取待鉴定的蛋白点，随后进行脱色、胶上原位消化、酶解，将酶解后的产物进行 MALDI-TOF/TOF 质谱分析，获取其一级 / 二级质谱图，利用 Mascot 软件结合 NCBInr 数据库鉴定蛋白质，48 个蛋白点均成功获得鉴定（表 5-1）。

鉴定成功的蛋白质在嫁接后不同时期的表达值各不相同（表 5-1），大体上可以分为如下五类：蛋白质表达量最高值出现在嫁接后第 1 天，如 Spot 43，44，30；蛋白质的表达值在嫁接后第 6，10 天上调，如 Spot 4，7，13；蛋白质在嫁接后第 6，10 天的表达量显著下调，Spot 39、40；蛋白质在嫁接后第 25 天时表达量最大，如 Spot 15，29，23，34；蛋白质表达量在嫁接后第 25 天时表达量下调，如 Spot 16，27，28。

表 5-1 蛋白质质谱鉴定结果

点编号	蛋白质名称	登陆号	序列覆盖率	蛋白质得分	相对体积			
					1d	6d	10d	25d
能量代谢相关蛋白								
1	Plastocyanin b	gi/225877	12	74	0.34	0.43	0.14	0.11
2	Chloroplast transketolase precursor, partial	gi/151368158	23	238	0.31	1.12	0.04	0.06
3	Fructose-biphosphate aldolase	gi/2213867	7	165	2.24	0.45	1.03	0.17
4	Putative FtsH protease	gi/21954076	10	195	0.98	1.27	4.25	1.44
5	Predicted: fructokinase-2-like	gi/356538893	15	227	0.83	0.74	0.57	0.07
6	Phosphoglycerate kinase	gi/159482940	3	159	2.08	0.65	1.26	0.83
7	Fructose-bisphosphate aldolase, putative	gi/255543861	15	324	0.39	1.06	5.25	1.45
8	Phosphoribulokinase	gi/15222551	10	164	2.49	1.69	0.59	0.67
9	Putative NADP-dependent malic enzyme	gi/338970403	17	321	1.53	2.86	4.81	0.58
10	Putative chlorophyll a/b-binding protein	gi/4512125	6	74	1.7	0.41	1.06	0.17

（续）

点编号	蛋白质名称	登陆号	序列覆盖率	蛋白质得分	相对体积			
					1d	6d	10d	25d
11	Sedoheptulose-1,7-bisphosphatase	gi/15228194	3	120	0.53	0.67	1.13	0.13
12	UDP-glucose dehydrogenase	gi/39939262	9	136	0.71	1.19	1.36	0.13
13	Putative pyruvate decarboxylase 2	gi/209167920	10	205	1.14	1.02	3.93	0.93
14	Chloroplast stem-loop binding protein-41	gi/15229384	5	76	0.49	1.15	3.93	3.87
15	Adenosine triphosphatase, partial	gi/904109	13	385	2.19	3.14	2.69	6.14
16	Glyceraldehyde-3-phosphate dehydrogenase	gi/75859953	9	88	1.64	0.38	0.13	0.03
17	Predicted: ferredoxin-NADP reductase, leaf isozyme, chloroplastic-like isoform 2	gi/356538291	7	167	0.72	2.2	5.51	3.52
抗性及防御相关蛋白								
18	Glutathione S-transferase	gi/358248536	29	452	0.55	1.32	0.09	0.42
19	Predicted: succinate-semialdehyde dehydrogenase, mitochondrial-like	gi/225462297	8	135	0.21	0.46	1.18	2.33
20	Ascorbate peroxidase	gi/6066418	20	204	11.98	37.8	2.89	2.62
21	Aluminium induced protein	gi/13958130	5	59	0.29	1.72	0.59	0.98
22	Peroxiredoxin, putative	gi/255575353	5	64	3.21	7.31	2.1	0.53
23	GDP-mannose-3',5'-epimerase	gi/146432257	11	83	10.52	2.42	1.77	0.41
24	Thioredoxin h	gi/8980491	12	65	0.2	0.98	0.84	0.59
25	Ascorbate peroxidase 2	gi/1336082	33	564	0.52	0.72	0.03	0.07
26	GSH-dependent dehydroascorbate reductase 1	gi/6939839	31	533	4.11	0.82	0.34	0.11

（续）

点编号	蛋白质名称	登陆号	序列覆盖率	蛋白质得分	相对体积			
					1d	6d	10d	25d
27	Chitinase	gi/6048743	14	189	1.62	0.89	0.7	0.09
28	Predicted: MLP-like protein 34	gi/225424277	12	92	0.73	0.94	0.2	0.12
29	Predicted: metacaspase-4-like	gi/356526409	6	150	1.29	1.77	1.43	5.29
30	Pyridoxine biosynthesis protein	gi/72256517	8	114	7	0.99	2.43	0.45
31	Putative tyrosine phosphatase	gi/8926334	13	202	0.93	0.23	0.09	0.07
细胞生长相关蛋白								
32	ran-binding protein 1 homolog b-like	gi/356535743	13	192	1.4	0.8	0.06	0.38
33	Alpha tubulin	gi/1556446	11	166	0.35	1.6	1.05	3.96
34	Alpha tubulin	gi/1556446	12	143	0.28	1.02	1.81	1.9
35	Predicted: soluble inorganic pyrophosphatase-like	gi/359476682	21	113	0.4	0.85	2.1	1.31
蛋白质合成相关蛋白								
36	Nascent polypeptide-associated complex subunit beta	gi/357473413	19	229	0.57	0.93	0.02	0.01
37	Predicted: elongation factor Tu, chloroplastic-like	gi/225456880	11	444	0.48	1.64	6.66	2.63
次生代谢相关蛋白								
38	Sanguinarine reductase	gi/292668595	6	140	1.69	1.07	0.17	0.31
39	Chalcone synthase	gi/222478415	5	115	1.74	0.97	0.21	0.86
40	Flavanone 3-hydroxylase	gi/50788697	11	141	0.58	1	0.2	0.7
氨基酸代谢相关蛋白								
41	Predicted: glutamine synthetase	gi/356553269	11	165	1.1	0.57	0.15	1.12
功能未知相关蛋白								
42	Os01g0144100	gi/115434488	25	483	0.69	0.75	0.04	0.05

（续）

点编号	蛋白质名称	登陆号	序列覆盖率	蛋白质得分	相对体积			
					1d	6d	10d	25d
43	Putative SHOOT1 protein	gi/50509325	28	454	1.38	0.42	0.1	0.08
44	Predicted protein	gi/224072410	15	194	1.21	0.69	0.06	0.06
45	Unknown	gi/217075132	8	61	0.4	1.48	0.15	0.17
46	Os06g0342200	gi/115467944	27	96	0.19	1.09	1.09	0.48
47	Unknown	gi/118481185	17	426	0.33	1.77	5.56	2.09
48	Hypothetical protein OsI_29797	gi/125562094	30	277	0.31	0.33	0.36	0.07

5.3 差异蛋白功能分类

蛋白质的功能分类参考 Bevan 分类系统及其他相关文献，48 个蛋白质可分为 7 大类，属于能量代谢类的蛋白共有 17 个，占总蛋白的 36%；与抗性及防御相关的蛋白有 14 个，占的比例为 29%；有 4 个细胞生长相关蛋白，占的比例为 8%；有 3 个次生代谢相关蛋白，占总鉴定蛋白的 6%；蛋白质合成蛋白有个 2，占 4%；氨基酸代谢相关蛋白有 1 个，占 2%；功能未知的蛋白有 7 个，占的比例为 15%（图 5-2）。

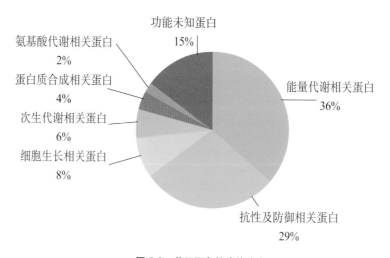

图 5-2　差异蛋白的功能分类

5.4 结论与讨论

5.4.1 能量代谢相关蛋白

研究发现与糖酵解相关的酶包括果糖二磷酸醛缩酶（fructose-biphosphate aldolase，FBA；Spot 3）和磷酸甘油酸激酶（phosphoglycerate kinase，PK；Spot 6）。FBA 催化果糖-1，6-二磷酸裂解，产生磷酸二氢丙酮和甘油醛-3-磷酸。PK 催化 1，3-二磷酸甘油酸生成 3-磷酸甘油酸，此反应消耗一分子的 ADP，产生一分子的 ATP。这两类酶的表达量最高值出现在嫁接后的第 1 天，可能是由于此时嫁接口位置的糖类物质充足，嫁接后糖酵解代谢活性能够迅速增强，以生成细胞抵御外界逆境所需的能量，此后随着糖类物质的消耗，糖酵解代谢活性下降。

Spot 13 被鉴定为丙酮酸脱羧酶（pyruvate decarboxylase 2，PDC），PDC 催化丙酮酸脱羧产生乙醛和 CO_2，其功能的发挥依赖于辅助因子焦磷酸硫胺素和 Mg^{2+}，它是乙醇发酵途径的关键酶，能够在厌氧条件下为植物体提供能量。该酶在嫁接后的第 10 天时表达量显著升高，说明此时无氧呼吸代谢活性升高，可能是由于嫁接时，接口位置被嫁接膜捆绑，导致氧气供应量有限。而该酶活性在嫁接后第 25 天时的活性下降，可能是由于本试验于嫁接后的第 20 天解绑，自此之后，氧气供应充足，PDC 表达量随之下降。

Spot 15 被鉴定为三磷酸腺苷酶（adenosine triphosphatase，ATPase），ATPase 能催化 ATP 水解产生 ADP 和磷酸根离子并释放能量。本研究中，ATPase 在嫁接后的表达量均为上调，可能是由于嫁接愈合是一个高耗能的过程，而 ATPase 在嫁接后第 25 天时表达量上升倍数最高，由此推测管状分子的分化过程的代谢活性最强。

5.4.2 抗性及防御相关蛋白

嫁接不可避免地造成切口的机械损伤，从而使植物迅速地产生活性氧。活性氧在抵御病原体入侵，激活抗性相关基因的表达中具有积极的作用，但过量的活性氧亦能够导致细胞膜以及细胞器的氧化损伤。研究发现，在梨／榅桲嫁接愈合过程中，持续高水平的活性氧含量是造成其嫁接不亲和的一个重要因素。本试验鉴定出两个活性氧清除酶：抗坏血酸过氧化物酶（ascorbate peroxidase，APX；Spot 20）以及过氧化物还原酶（peroxiredoxin，Prx；Spot 22）。APX 是以抗坏血酸作为电子供体的过氧化氢（H_2O_2）清除酶，对 H_2O_2 表现出极高的亲和力。Prx 是一种依赖硫氧还蛋白或谷氧还蛋白而清除过氧化物的抗氧化酶。本研究中，APX 和 Prx 的表达量均在嫁接后的第 1，6，10 天上调，以便有效地缓解嫁接引起的氧化胁迫。在嫁接后的第 25 天，APX 的表达量仍保持上调，而 Prx 的表达量已经显著下降，有可能是由于嫁接后期活性氧的含量

已经降低。Spot 23 被鉴定为 GDP- 甘露糖 -3',5'- 异构酶(GDP-mannose-3',5'-epimerase，GME)，GME 催化 GDP-d- 甘露糖产生 GDP-l- 半乳糖和 GDP-l- 古洛糖，该反应是合成抗坏血酸的关键步骤。该酶在嫁接后的第 1，6 天上调表达，以生成足量的抗坏血酸，而抗坏血酸可以作为 APX 的辅酶以清除过量的自由基。

嫁接过程中产生的切口为病原物的入侵提供了便利。几丁质酶（chitinase；Spot 27）是一种水解酶，它能够降解病原真菌细胞壁中的几丁质，是植物防御体系的重要防卫因子。本研究中，几丁质酶在嫁接后的第 1 天时的表达值最大，但与对照相比，其表达量并未达到 2 倍差异，可能是由于嫁接是在 7 月份进行，此时正处于植物体和病原物旺盛生长时期，几丁质酶的代谢活性较高，该酶在嫁接后第 25 天时的表达量显著下降，表明病原菌侵染嫁接口能力降低，嫁接口已经愈合。Spot 28 为类 MLP(major latex protein-like)，也是一种防卫系统相关的蛋白，它的表达量在嫁接后第 25 天时显著下调，也间接表明此时接口已经愈合。

Spot 29 被鉴定为类胱天冬蛋白酶（metacaspase-like），metacaspase 具有类似半胱天冬酶（caspase）的二级结构，以及半胱天冬酶活性中心所特有的组氨酸和半胱氨酸，该蛋白能够直接或间接地参与植物的细胞程序性死亡过程。研究发现，逆境胁迫例如冷害、氧胁迫、病原菌入侵等能够诱导 metacaspase 的表达，同时也发现该酶响应植物胚胎形成的发育过程。本试验中的 metacaspase 受嫁接诱导，其表达高峰值出现在嫁接后的第 25 天，表明细胞程序性死亡主要发生在管状分子分化的时期，由于细胞程序性死亡是管状分子分化所必需的生理过程，推测该酶可能参与嫁接体发育过程中的管状分子分化。

Spot 30 被鉴定为吡哆醇生物合成蛋白（pyridoxine biosynthesis protein，PDX），该蛋白为维生素 B6 合成途径中的限速酶。据报道，维生素 B6 主要在细胞质膜、内膜中起作用，能够防止植物细胞膜脂质过氧化。在本试验中发现，PDX 在嫁接后第 1 天其表达值迅速增加，表明在嫁接初期，切口位置合成了维生素 B6，进而修复机械创伤造成的膜损伤。

5.4.3 细胞生长相关蛋白

微管蛋白是构成植物细胞骨架的重要成分，本试验鉴定得到两种类型的 α 微管蛋白（alpha tubulin；Spot 33，34），它们的表达高峰值均出现在嫁接后的第 25 天，此时正处于管状分子分化的时期，细胞的形态结构变化最激烈，表现为细胞变大，细胞壁加厚。由于微管蛋白表达水平的变化能引起细胞结构的变化，推测该蛋白参与砧穗间管状分子的分化。

植物细胞在进行分裂时，RNA、DNA 的生物合成能够引起焦磷酸（PPi）的积累，当 PPi 的累积量达到一定程度时，能够导致细胞分裂受到抑制。可溶性无机焦磷酸酶（soluble inorganic pyrophosphatase，sPPase；Spot 35）是一种水解蛋白，能够及时水解细胞分裂过程中产生的 PPi。本研究中，sPPase 在嫁接后第 10 天时的表达量最大，因此时处于愈伤组织增殖的时期，细胞分裂旺盛，导致 PPi 大量积累，而 sPPase 的高表达能够解除 PPi 对核酸生物合成的抑制作用，从而促进细胞分裂的正常进行。

5.4.4 次生代谢相关蛋白

Spot 39 被鉴定为查耳酮合酶（chalcone synthase，CHS），Spot 40 被鉴定为黄烷酮 3-羟化酶（Flavanone 3-hydroxylase，F3H），它们均是类黄酮合成途径的关键酶，其中 CHS 催化香豆酰辅酶 A 和丙二酰辅酶 A 形成查尔酮，F$_3$H 能够使柚皮素的 C$_3$ 位羟基化，使其转变为二氢山奈酚，而二氢山奈酚是合成异黄酮和黄酮的中间产物。在嫁接愈合的前期，类黄酮在抗氧化、抵御病菌等方面，具有重要的作用，但在嫁接愈合的后期，高含量的类黄酮能够影响愈伤组织的增殖以及细胞的木质化过程，是嫁接不亲和的一个重要因素。本研究中，CHS 及 F$_3$H 在嫁接后第 1，6 天表达量变化未达到 2 倍差异，但在第 10，25 天时的表达量下调，这可能是造成嫁接成活的一个重要因素。

在本研究中，鉴定得到的 48 个差异蛋白可能与嫁接愈合有关，分析得知果糖二磷酸醛缩酶、磷酸甘油酸激酶、丙酮酸脱羧酶、三磷酸腺苷酶能够保证嫁接愈合过程所需能量的供应；抗坏血酸过氧化物酶、过氧化物还原酶可以清除嫁接愈合过程中产生过量的活性氧；几丁质酶能够抵御接口创伤导致的病原真菌侵染；吡哆醇生物合成蛋白能够修复嫁接导致的膜损伤；可溶性无机焦磷酸酶促进愈伤组织的增殖；类胱天冬蛋白酶、α 微管蛋白可能参与管状分子分化有关；耳酮合酶、黄烷酮 3- 羟化酶在嫁接愈合后期的下调表达是促进嫁接成活的重要因子。

第6章

薄壳山核桃嫁接体发育的转录组学分析

生物体的生长发育过程本质上是由基因控制的。目前，已有从基因水平揭示嫁接体发育的相关报道，相关的研究多集中在寻找与嫁接体发育有关的基因。Zheng 采用 cDNA-AFLP 技术发现了 49 条与山核桃嫁接愈合相关基因。Cookson 等研究结果表明，葡萄嫁接体的形成是一个复杂的过程，涉及细胞壁合成、次生代谢、伤反应以及信号传导相关基因的表达变化。Qiu 等运用二代测序技术，获得了山核桃嫁接愈合过程的转录组数据，经差异表达分析，发现了与生长素以及细胞分裂素信号传导相关的候选基因。Yuan 等发现香榧嫁接愈合过程中，与"次生代谢物合成"代谢通路相关的基因可能起着重要的作用。Chen 等分析发现，参与代谢、伤反应、苯丙烷生物合成以及激素信号传导等生物学过程的差异基因，对荔枝嫁接体的形成具有重要的意义。尽管越来越多的研究者开始着眼于嫁接愈合机理的研究，但其具体的分子机制尚不清楚。本研究拟从基因水平进一步丰富嫁接愈合的分子机理。

6.1 差异基因分析

将每个样品的 Clean reads 回帖到 Unigenes 库中，计算每个基因的 FPKM 值。根据所有基因的 FPKM 值，计算样品间的相关性。如图 6-1 所示，每个时间点生物学重复间的相关系数均大于 0.90，表明生物学重复间具有高度相关性。

以表达值变化至少在 2 倍以上，以及 FDR < 0.01 为筛选差异基因（DEGs）的标准。在 8d/0d 的样品间，有 3470 个差异基因，其中 2154 个为上调基因，1316 个为下调基因；在 15d/0d 中，有 4942 个差异基因，其中 2750 个为上调基因，2192 个为下调基因；在 30d/0d 中，有 9145 个差异基因，其中 3001 个为上调基因，6144 个为下调基因（图6-2）。一共有 12180 个差异基因，其中 1499 个在三个样品间均存在。在 30d/0d 中的差异基因远远大于其他两个样品间，表明在 30 天，即维管束形成期，需要涉及更为复杂的基因调控。

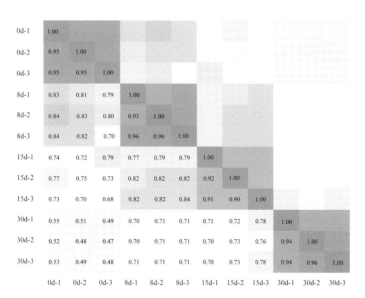

图6-1　样品间相关系数

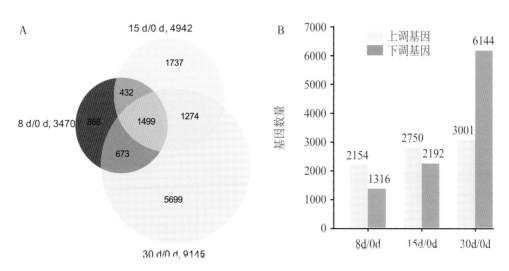

图6-2　样品间（8d/0d、15d/0d、30d/0d）差异基因集

6.2　差异基因富集分析

为探明 DEGs 主要参与的生物学过程，将所有 DEGs 进行 GO 富集分析（图6-3），结果发现，在生物学过程（biological process）这个本体中（ontology），8d/0d、15d/0d、30d/0d 样品间分别富集了 44，28，38 条节点（term），其中"激素应答"（response

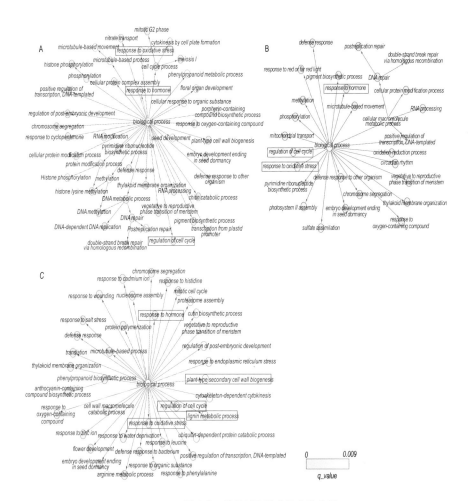

图6-3 差异基因的GO富集分析

A. 8 d/0 d 显著富集的节点；B. 15 d/0 d 显著富集的节点；C. 30 d/0 d 显著富集的节点。气泡表示的是GO节点，气泡颜色表示的是节点的Q值（即FDR值）

to hormone）"抗氧化反应"（response to oxidative stress）"细胞周期调控"（regulation of cell cycle）在三个样品组间均存在。"植物次生壁生物合成"（plant-type secondary cell wall biogenesis）"木质素代谢过程"（lignin metabolic process）只存在于30 d/0 d 中。

另外，将所有的DEGs进行KEGG代谢通路富集分析，结果如图6-4所示。在8 d/0 d，15 d/0 d，30 d/0 d 样品间分别富集了7，4，2条代谢通路，其中"苯丙烷生物合成"（phenylpropanoid biosynthesis）存在与所有样品间，"植物昼夜节律"（circadian rhythm-plant）存在于15 d/0 d 中。

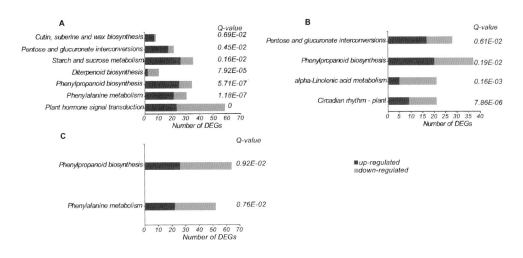

图 6-4　差异基因的 KEGG 富集分析

A. 8 d/0 d；B. 15 d/0 d；C. 30 d/0 d

6.3　激素相关的差异基因分析

　　生长素、细胞分裂素是促进细胞分裂的重要调节因子，对嫁接体愈伤组织的形成具有重要的作用。此外，生长素还刺激维管组织的产生，细胞分裂素能够调节形成层细胞的分裂，因而这两类激素在嫁接体维管组织分化的过程中，也起着重要的作用。赤霉素是调控维管组织分化的主要因子之一。本课题组前期试验表明，嫁接诱导生长素、细胞分裂素、赤霉素在接口处积累。本试验获得了编码生长素运输的基因（生长素内运载体 Auxin influx carrier、生长素外运载体 Auxin efflux carrier）、生长素信号传导的基因 ARF、细胞分裂素信号传导相关的 Type-B ARR 基因、赤霉素合成相关基因（GA2ox、GA20ox）以及赤霉素信号传导相关的 GID1 基因（图 6-5）。这些基因受嫁接过程诱导而差异表达，可能刺激激素信号的传导，调控嫁接愈合基因的表达。

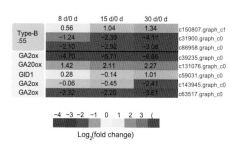

图 6-5　激素信号相关基因的表达模式

热图中的值为 log2（表达值变化倍数）

6.4　愈伤组织形成相关基因分析

　　细胞增殖是愈伤组织形成所必需的生物学过程。本试验发现与细胞周期相关的 A 型周期蛋白（cyclin A）、B 型周期蛋白（cyclin B）、D 型周期蛋白（cyclin D）、周期蛋白依赖性激酶（cyclin-dependent kinase，CDK）、E2Fa 以及 MYB3R-1，总体上，这些基因在嫁接后表达量上调。此外，与染色体形成相关的组蛋白（histone）、DNA 复制相关复制因子（DNA replication licensing factor MCM5、MCM6）、维管骨架形成相关的基因（microtubule-associated protein RP/EB family、tubulin）、胞质分裂相关的驱动蛋白（kinesin-like protein），其表达值均为上调（图 6-6）。

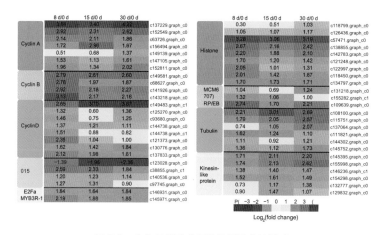

图 6-6　愈伤组织形成相关基因的表达模式

热图中的值为 log2（表达值变化倍数）

6.5 维管组织形成相关基因分析

基于本课题组的解剖学研究，嫁接后 30 天愈合部位的维管组织主要是木质部组织。木质部组织的分化过程包括形成层细胞分裂、细胞伸长、次生壁加厚、细胞程序性死亡。HD-ZIP III 是一个促进形成层细胞进入木质部组织分化状态相关的基因，本试验发现有三个 HD-ZIP III 基因，均在 30 天时表达量显著下调（图 6-7）。形成层细胞进入木质部组织分化后，首先进行细胞伸长的生理过程。在本试验中，发现 7 个注释为 expansion 的基因，多数基因在愈合过程中是上调的（图 6-7）。

纤维素、半纤维素、木质素是次生壁加厚的物质基础。本试验中，与纤维素形成相关的为纤维素合成酶（cellulose synthase）；与木质素合成相关的基因包括肉桂酰辅酶 A 还原酶（cinnamoyl-CoA reductase，CCR）、肉桂醇脱氢酶（cinnamyl-alcohol dehydrogenase，CAD）、咖啡酰辅酶 A 甲基转移酶（caffeoyl-coa 3-o-methyltransferase，CCoAOMT）、漆酶（laccase）；与半纤维素合成相关的差异基因包括 irregular xylem 9

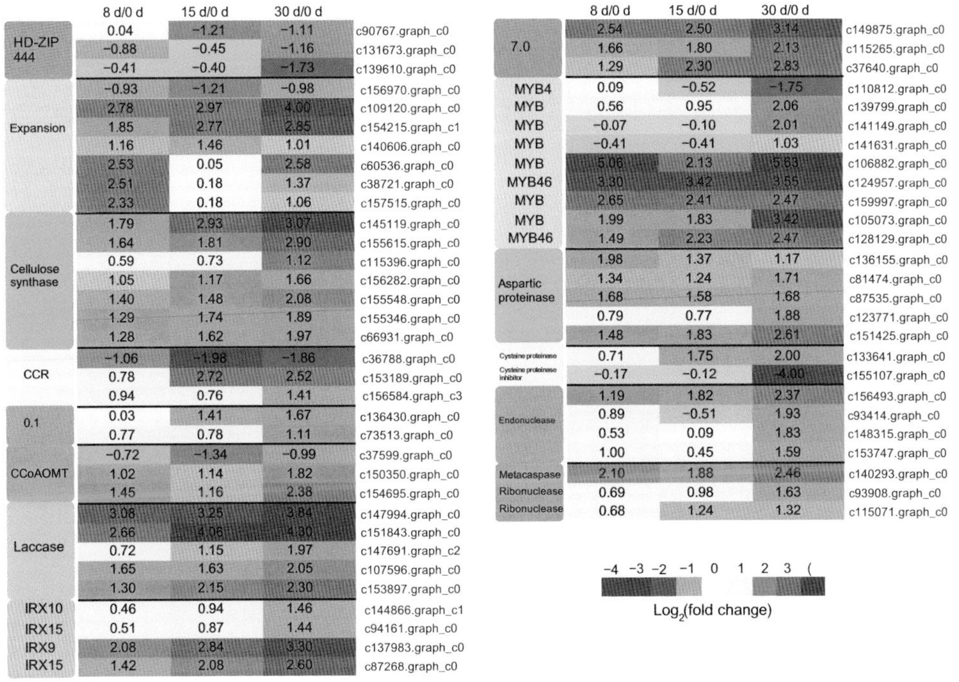

图 6-7　维管组织形成相关基因的表达模式

热图中的值为 log2（表达值变化倍数）

（IRX9）、IRX10 以及 IRX15。多数这些基因均为上调表达，且在 30 天时，上调幅度最大（图 6-7）。NAC、MYB 是调控次生壁加厚的转录因子，本试验中，注释为次生壁加厚相关的 NAC 转录因子共有 3 个差异表达，MYB 转录因子共 9 个，其中一个为 MYB4、两个为 MYB46、其余为 R2R3-MYB，这些转录因子表达值变化幅度最大的基本上均在 30 天。

次生壁加厚完成之后，细胞需要经过程序性死亡的生物过程。本试验中，编码细胞水解相关的差异基因包括天冬氨酸蛋白酶（aspartic proteinase）、半胱氨酸蛋白酶（cysteine proteinase）、核酸内切酶（endonuclease）、核糖核酸酶（ribonuclease）。获得一个编码类半胱天冬酶（Metacaspases）的基因，该蛋白调控细胞程序性死亡。多数这些与细胞程序性死亡相关基因在嫁接后 30 天表达值上调增幅最大。此外，本试验还发现一个编码半胱胺酸蛋白酶抑制剂（cysteine proteinase inhibitor）的基因，该基因在嫁接后 30 天时表达量显著下调（图 6-7）。

6.6 活性氧清除相关基因分析

嫁接体的发育也是一个抵御胁迫的过程，本试验中，与清除活性氧（ROS）相关的基因包括，过氧物酶（peroxidase，POD）、过氧化氢酶（catalase，CAT）、抗坏血酸过氧化物酶（ascorbate peroxidase，APX）、正电过氧化物酶（cationic peroxidase）、过氧化物还原酶（peroxiredoxin，Prx），这些基因多数受嫁接诱导而上调表达（图 6-8）。

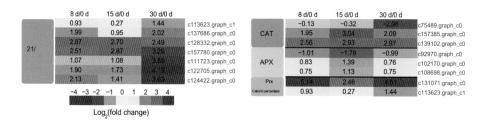

图 6-8 活性氧清除相关基因的表达模式

热图中的值为 log2（表达值变化倍数）

6.7 荧光定量验证转录组数据

本试验选择 12 个与激素信号传导、细胞增殖、次生壁加厚、细胞程序性死亡、活性氧清除相关的基因进行荧光定量 PCR，来验证转录组差异表达数据。结果如图 6-9

所示，2 种方法所检测的基因在某一时间点表达值变化倍数不一样，但这些基因在愈合过程中的表达模式基本上是一致的。

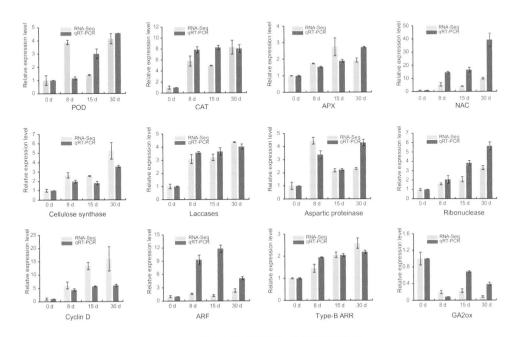

图 6-9　荧光定量 PCR 验证转录组测序数据

0 d 的表达值设为 1

6.8　结论与讨论

6.8.1　转录组测序数据组装及功能注释

本试验利用 Trinity 软件进行从头组装，获得了 83693 个 unigenes，其中，47.88% 的 uigcncs 有注释信息。仍然有相当多的一部分基因，没能够比对上已有的蛋白质数据库，可能是由于薄壳山核桃是一种木本植物，基因功能的研究与草本植物的相比较为落后，导致基因功能注释的覆盖率不高，也有可能是薄壳山核桃所特有的基因占的比例高。利用 RNA-seq 技术，进行薄壳山核桃种胚油脂合成相关基因时，发现测序数据组装后，注释信息的 unigenes 只占 46.65%。

6.8.2　差异基因功能富集分析

GO 功能富集发现，"激素应答""抗氧化反应""细胞周期调控"这三个生物学过程均存在于三个样品组间，说明细胞激素响应、细胞抗氧化、细胞增殖是嫁接体形

成的重要生物学过程。"植物次生壁生物合成""木质素代谢过程"只存在于 30 d/0 d 中，与其形态学变化（维管组织的形成）一致。

KEGG 富集发现，"苯丙烷生物合成代谢"通路显著富集在嫁接体发育的整个过程。该代谢通路是次生代谢产物（如木质素、类黄酮）合成的一个重要途径，参与植物抵御胁迫逆境。此外，木质素为该代谢通路产物之一，参与维管组织的分化，是嫁接体发育所必需的物质。相关研究也发现"苯丙烷生物合成代谢"是促进嫁接体形成的一个重要通路。有报道表明，"植物昼夜节律"代谢是促进愈伤组织形成的重要因素，本试验中，该代谢通路显著富集在 15 天，即愈伤组织大量增殖时期，与嫁接体发育状态相一致。

6.8.3 激素是嫁接体形成的重要调控因子

在嫁接过程中，砧木、接穗原有的维管组织不可避免地遭受破坏，造成生长素的极性运输受阻，导致生长素积累在嫁接口处。本试验中，编码 Auxin influx carrier 的五个基因，除了编号为 c147017.graph_c0 的基因之外，其余的均受嫁接诱导嫁接而上调表达。4 个编码 Auxin efflux carrier 的基因，有两个为上调表达，这些基因可能对生长素在接口处积累有促进作用。在葡萄、山核桃嫁接愈合过程中，也发现生长素运输相关基因受嫁接诱导而差异表达。生长素的积累能够活化生长素响应因子（ARF）。ARF 是生长素进行信号传导的转录因子，它能够激活启动子区域中含有生长素响应元件（Auxin responsive elements，AuxREs）基因的表达。拟南芥中，ARF6、ARF8 突变时，植株正常的细胞分裂受到影响，ARF5 突变时，其维管组织发育不完全。生长素促进嫁接体的形成可能是通过活化 ARF 基因而起作用的，本试验中编号为 c37236.graph_c0、c38752.graph_c0、c114601.graph_c0 的 ARF 基因在嫁接后 8 天、15 天显著上调表达，这些基因可能与细胞增殖相关；编号为 c142339.graph_c0 的基因在 30 天显著上调，可能与维管组织分化有关。

细胞分裂素与生长素发生协同作用，共同促进细胞的增殖。此外，细胞分裂素还能够促进形成层细胞的分裂，是维管组织分化的重要调控因子。细胞分裂的信号传导是通过激活 type-B ARR 转录因子的活性而起作用的。拟南芥中 TYPE-B ARRs（ARR1，ARR10，ARR12）三突变体植株形成的愈伤组织较野生型的要少，而过表达 ARR1 能够提高愈伤组织产生的数量。本试验中编号为 c150807.graph_c1 的 type-B ARR 在嫁接后的 15 天显著上调，可能与愈伤组织以及形成层细胞分裂有关。

赤霉素（GA）能够促使细胞伸长以及次生壁加厚相关基因的表达，是调控木质部组织分化的主要因子之一。本试验中，GA 合成相关基因 GA20ox，嫁接后上调表达，在 30 天时达到峰值，而三个负调控 GA 合成基因 GA2ox，在 30 天时显著下调，表明在维管组织分化时期，愈合部位有 GA 的产生，这与本课题组前期进行的激素测定结果一致。GID1 是 GA 信号传导过程中的一个重要基因，该基因在 30 天时显著上调，可能对木质部细胞的分化有促进作用。

6.8.4　愈伤组织形成相关基因的分析

　　细胞分裂可形成愈伤组织，因此与细胞分裂相关的基因对愈伤组织的形成有重要的作用。拟南芥中，分析愈伤组织诱导过程中的转录数据发现，多种与细胞分裂相关的基因上调表达。周期蛋白（cyclins）与其相应的周期蛋白依赖性激酶（CDK）发生协同作用，控制细胞周期的进行。植物体中存在 3 种类型的周期蛋白（A、B 以及 D 型），其中 D 型周期蛋白（D-type cyclin，CYCD）是细胞由静止态向 DNA 合成期（即 G1/S 期）转变的限制因子。该限制因子能够被生长素及细胞分裂素诱导表达。拟南芥过表达 CYCD 能提高愈伤组织诱导率。本试验获得多种差异表达的周期蛋白及 CDK 基因，这些基因几乎全部受嫁接诱导而上调表达。E2Fa 编码的蛋白是一种转录因子，能够激活细胞合成期（S 期）相关基因的表达，促使 DNA 合成的正常进行。MYB3R-1 是一类 R1R2R3-MYB 转录因子，主要作用是激活染色体分离期（即 M 期）相关基因的表达。本试验中上调表达的周期蛋白、CDK、E2Fa 及 MYB3R-1 可能起着促进细胞周期有序进行的作用。随着细胞进入增殖状态，与染色体形成相关的基因（histone）、DNA 复制相关复制因子（DNA replication licensing factor MCM5、MCM6）、维管骨架形成相关的基因（microtubule-associated protein RP/EB family、tubulin）、胞质分裂相关的驱动蛋白（kinesin-like protein）均上调表达，可能促进细胞顺利进行增殖，从而产生愈伤组织。

6.8.5　维管组织分化相关基因的分析

　　维管组织的形成，能使砧穗间进行物质及信息的长距离运输，被视为嫁接成活的标志。薄壳山核桃嫁接后 30 天愈合部位的维管组织主要是木质部组织。生长素与木质素是促进形成层细胞分裂的重要调控因子。HD-ZIP III 是一个决定木质部属性的重要因子，低浓度的 HD-ZIP III 决定的是原生木质部分化、高浓度的 HD-ZIP III 决定后生木质部分化。本试验中三个 HD-ZIP III 在 30 天时均显著下调表达，可能是促进愈合部位原生木质部的分化。细胞进入木质部分化之后，首先进行细胞伸长的生物学过程。膨胀素（expansion）基因编码的酶能够促使细胞壁的松弛，是细胞伸长及生长顺利进行所必需的。本试验中，大多数编码膨胀素酶的基因在嫁接后均上调表达，可能促使愈伤组织形成期细胞的生长以及木质部分化期细胞的伸长生长。

　　细胞伸长之后，分化的木质部细胞进行细胞壁加厚的生理活动。次生壁由纤维素、木质素、半纤维素构成。纤维素合成酶（cellulose synthase）是纤维素形成的一个重要基因，在杨树木质部发育过程中高表达。与木质素形成相关的差异基因包括 CCR、CAD、CCoAOMT 及漆酶。其中漆酶是一种多酚氧化酶，诱导木质素单体氧化聚合形成木质素。拟南芥 LACCASE4、LACCASE17 双突变体导致其体内木质素含量的下降。本试验获得的纤维素、木质素、半纤维素合成（IRX9、IRX10、IRX15）相关基因，多数在 30 天时上调表达，且上调幅度最大，推断这些基因参与细胞壁加厚的生理活动。

此外，本试验还发现了调控次生壁组成物质合成的候选转录因子，包括 NAC、MYB 转录因子。其中 NAC 转录因子是调控整个次生壁加厚的开关。植物体中过表达 NAC 基因能够促使细胞次生壁变厚，而抑制 NAC 基因的表达能够导致次生壁发育受阻。本试验获得三个与次生壁形成相关的 NAC 基因，且这三个基因在 30 天时为上调表达。NAC 转录因子可以激活一系列 MYB 基因（主要是 R2R3 型）的表达，MYB 是次生壁加厚调控网络中的二级开关。本试验中发现差异表达的 R2R3-MYB，该类蛋白能够调控'苯丙烷生物合成'代谢通路，促使木质素的形成。MYB46 是一种 R2R3-MYB 转录因子，其不仅能调控木质素的形成，还能够促使纤维素、半纤维素的产生。本试验有两个 unigenes 注释为 MYB46，且在 30 天时上调表达。本试验中，注释为 MYB4 的基因为下调表达。MYB4 是负调控次生壁形成的 R2R3-MYB 转录因子。杨树中过表达 PdMYB221（拟南芥 MYB4 同源基因）能够导致细胞壁变薄。本研究中，差异表达的 NAC、MYB 在木质部分化过程中，可能起着调控次生壁加厚的功能。

细胞完成次生壁加厚之后，细胞开始进行程序性死亡以消除细胞内含物。天冬氨酸蛋白酶（aspartic proteinase）、半胱氨酸蛋白酶（cysteine proteinase）、核酸内切酶（endonuclease）、核糖核酸酶（ribonuclease）。获得一个编码类半胱天冬酶（metacaspases）均是水解细胞内含物质的酶，已有研究表明这些酶在木质部组织形成过程中起作用，本试验中，编码这些酶的基因总体上均在 30 天时上调表达，可能促进细胞内含物的水解。类半胱天冬酶（metacaspases）是一种类似于动物中诱导细胞凋亡的半胱天冬酶。在分析杨树木质部组织形成过程中的芯片数据发现，metacaspases 基因的表达量上调。本试验中发现 metacaspases 在嫁接后 30 天是表达量上调，可能起着诱导细胞程序性死亡的作用。此外，能够发现一个编码半胱胺酸蛋白酶抑制剂（cysteine proteinase inhibitor）的基因，其表达量在 30 天时急剧下降，间接说明了嫁接体在维管组织形成时期有着强烈的细胞程序性死亡活性。

6.8.6 活性氧（ROS）清除相关基因的分析

在嫁接过程中，接穗双方不可避免地遭受损伤。植物在遭受损伤时，导致 ROS 的产生。已有研究表明，嫁接体不能够有效清除 ROS 时，会造成嫁接失败。一个有效的 ROS 清除系统，可能对嫁接成活具有非常重要的作用。本试验中与清除活性氧（ROS）相关的基因包括过氧物酶（POD）、过氧化氢酶（CAT）、抗坏血酸过氧化物酶（APX）、正电过氧化物酶（cationic peroxidase）、过氧化物还原酶（Prx），这些基因共有 15 个，其中 13 个受嫁接诱导而上调表达，推测这些上调的基因在嫁接体发育过程中，起着维持细胞体内 ROS 平衡的作用。

本试验采用 RNA-seq 技术分析了嫁接体形成过程中的转录组。一共获得 12180 个差异基因，发现了与嫁接体发育相关的基因。基于本试验结果，结合本课题组前期的研究成果，提出了一个调控嫁接体形成的分子机理（图 6-10）。如图中所示，嫁接诱导信号传导（其中包括生长素、细胞分裂素、赤霉素信号传导），活化的信号激活一系列可能与嫁接体形成相关基因，包括 ROS 清除、细胞增殖、维管组织形态决定、细胞伸长、次生壁合成以及细胞程序性死亡相等的表达。

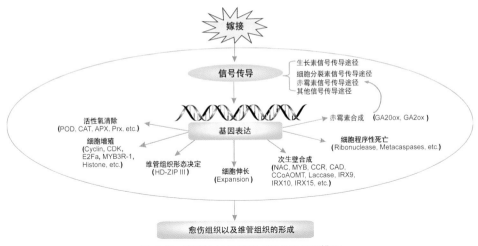

图 6-10　薄壳山核桃嫁接成活分子机理模型

第7章

薄壳山核桃嫁接体发育的 miRNA 分析

miRNA 是一类长约 22 nt 的非编码 RNA，是真核生物中基因表达的负调控因子，通过与靶基因序列完全或者几乎完全互补配对而介导靶基因的断裂或抑制翻译。在植物体中，miRNA 主要通过引起靶基因的切割从而负调控基因的表达。已有研究表明 miRNA 参与植物体多种生物学过程，包括生长发育及胁迫抵御，但有关 miRNA 参与嫁接体发育的报道仍然较少。Sima 等利用高通量测序技术，研究了山核桃嫁接过程中的 miRNA，通过差异分析，获得了与嫁接愈合潜在相关的 miRNA 共 12 个。本研究利用高通量测序技术，对薄壳山核桃嫁接愈合相关的 miRNA 进行分析，以期从 miRNA 方面揭示薄壳山核桃嫁接愈合分子机理。

7.1 测序结果分析

本试验以 0 天、8 天、15 天、30 天的 sRNA 文库进行测序，测序平台产生的原始数据均在 20 M 以上。各个文库的原始数据中，均不含有低质量（lowquality）Reads，通过去除 N 的比例大于等于 10% 的 Reads、长度短于 18 nt 及长于 30 nt 的 Reads 后，获得 Clean Reads。每个样品的 Clean Data 均大于 17M，Q30 的比例均在 88% 以上，表明测序质量良好（表 7-1）。

表 7-1　测序数据统计

Samples	Rawreads	Lowquality	Containing' N'reads	Length <18 nt	Length >30 nt	Cleanreads	Q30 (%)
0 d	20691228	0	3780	816411	2810857	17060180	88.53
8d	21849708	0	3948	1256688	1556290	19032782	89.27
15d	22850876	0	4261	774178	2291588	19780849	88.99
30d	34439863	0	208	513067	5294427	28632161	98.29

7.2　四个文库sRNA的分析

原始数据去杂后获得 Clean Reads，利用 Bowtie 软件将 Unique Reads 的比对到非编码 RNA 数据库。结果如表 7-2 所示，四个文库含有核糖体 RNA（rRNA）、核内小RNA（snRNA）、核仁小 RNA（snoRNA）、转运 RNA（tRNA）、重复序列（Repbase），其中 0 天文库不含有 snRNA。0 天、8 天、15 天、30 天文库中未注释 Reads 的数量分别为 9654020，12182837，10856577，16048020。将未注释 Reads 比对到 unigenes数据集,结果发现 0 天、8 天、15 天、30 天文库中能比对到 unigenes 库中的 Reads（Mapped Reads）数量分别为 1506852，2537261，1759479，2290283，这些 Mapped Reads 将用于 miRNA 的分析。

表 7-2　不同文库 sRNA 的分析

	0d	8d	15d	30d
Cleanreads	17060180	19032782	19780849	28632161
rRNA	7103064	6569083	8616736	12273558
snRNA	0	1	1	54
snoRNA	4481	32307	6889	6924
tRNA	278816	217321	280911	279464
Repbase	19799	31233	19735	24141
Unannotated	9654020	12182837	10856577	16048020
Mapped Reads	1506852	2537261	1759479	2290283

sRNA 的长度通常在 20～24 nt，因此本研究选择对 18～30 nt sRNA 所占的比例进行了统计（图 7-1）。结果表明，不同文库中 sRNA 长度分布趋势基本上是一样的，其中 24 nt sRNA 所占的比例最大，其次是 23 nt sRNA，多数 sRNA 的长度在 21～24 nt 之间。

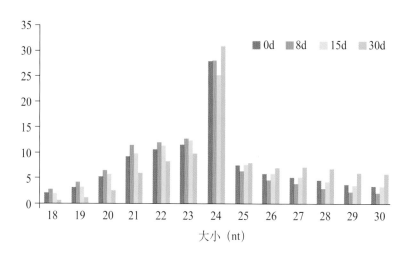

图 7-1　薄壳山核桃嫁接后 0d、8d、15d、30d 文库中 sRNA 大小分布情况

7.3　保守miRNA的鉴定

将四个文库中的 Mapped Reads 进行混合，混合后的 Reads 与 miRBase 数据库中的已知 miRNA 序列进行比对，鉴定保守的 miRNA。结果如表 7-3 所示，一共鉴定得到 47 个保守 miRNA，分布在 31 个 miRNA 家族中，其中 miR482 家族有 4 个成员，miR166 和 miR396 家族有 3 个成员，其余保守 miRNA 有 1 或 2 个家族成员。所鉴定的 47 个保守 miRNA 均检测到相应的 star 序列（star sequence，RNA*）。不同的 miRNA 具有不同的表达值，一些 miRNA，如 miR159a-b、miR166a-c、miR319a-b 等，呈现出高表达水平；而有些 miRNA，如 miR4998、miR5998、miR6135、miR7504、miR7717 等，则呈现出低表达水平。

7.4　新miRNA的预测

将剩余没有比对上 miRBase 数据库的 Mapped Reads，利用 miRDeep2 软件进行新 miRNA 的预测。结果如表 7-4 所示，一共预测到 39 个新 miRNA，这些预测的 miRNA 前体均含有茎环结构（图 7-2）。新 miRNA 成熟序列的长度在 18～25 nt 之间，多数为 24 nt，大部分新 miRNA 成熟序列的第一个核苷酸均为尿嘧啶（U）。新 miRNA 最小折叠能（MFE）在 -96.9～-31.8 kcal/mol（1cal=4.18J），平均为 -69.0 kcal/mol。39 个新 miRNA 检测到相应的 star 序列，多数新 miRNA 表达值呈现出低水平（TPM < 100），但也有一些 miRNA，如 miRS19、miRS33 表达值呈现出高水平（动态 TPM > 1000）。

表 7-3 薄壳山核桃嫁接过程中保守 miRNA 的鉴定

miRNA name	mature_sequence (5'→3')	length (nt)	Family name	MFE (kcal/mol)	Star_sequence (5'→3')	TPM 0 d	8 d	15 d	30 d
cil-miR156	uugacagaagagagagcac	21	MIR156	-44.7	gcucucuacgcuucugucauc	1053.6374	738.8826	2066.8806	496.76955
cil-miR159a	uuggacugaagggagcuccc	20	MIR159	-39.3	uuguucuuuagcaguccuuaa	126398.1	116022.97	81533.81	110597.65
cil-miR159b	uuuggauugaagggagcucu	21	MIR159	-107	gagcuccugaaguccaaugg	284426.64	265555.98	359349.29	294613.23
cil-miR160a	ugccuggcucccuguaugcc	20	MIR160	-64.4	caauuacugggaaaagauggcauu	174.89528	94.6612	118.25436	51.987511
cil-miR160b	ugcuggcucccugaaugcc	20	MIR160	-80.5	caugaggggagucaugcagc	191.95823	101.39261	185.09378	66.428487
cil-miR162	ucgauaaaccucucgcaucag	21	MIR162	-73.6	ggaggcagcgguucauccgacc	7614.3431	10139.257	10509.214	8811.8832
cil-miR164a	caugugcucuuagcuccagc	21	MIR164	-99.1	uggagaagcaggcacaugcu	25.594431	21.0358	87.405397	20.217366
cil-miR164b	uggagaagcaggcacgugca	21	MIR164	-80.9	caugugccgucucucccauc	2337.6247	1761.7485	2154.2859	768.25989
cil-miR166a	ucuuggagugucuucugaaucaug	24	MIR166	-27.5	ggcuucagagagaggcuucugauu	631.32929	844.0616	1475.6088	1828.2275
cil-miR166b	ucggaccaggcuucauuccc	21	MIR166	-60.2	ggaauguugucugguucgaaa	79283.015	33244.457	39632.889	105566.42
cil-miR166c	ucggaccaggcuucauuccc	21	MIR166	-78.2	ggaauguugucugguucgagg	68550.417	89281.207	36345.22	87359.237
cil-miR167	ugaagcugccagcaugaucugc	22	MIR167	-73.1	agaucauauggcaguuucacc	2666.0865	2250.8309	3871.5449	1894.656
cil-miR171a	uauuggccuggcucacucaga	21	MIR171	-76.3	ugauugagccgugccaauauc	4747.7669	3063.3388	4370.2698	9025.6096
cil-miR171b	agguauugauguggcucaauu	21	MIR171	-60.2	uugagccgcgucaauauuccc	473.49697	270.836	143.96183	147.29795
cil-miR172a	ggaaucuugaugaugcugc	19	MIR172	-77.3	gcagcauccuuaagauucaca	422.30811	399.6803	354.76308	242.60839

（续）

miRNA name	mature_sequence (5'→3')	length (nt)	Family name	MFE (kcal/mol)	Star_sequence (5'→3')	TPM			
						0 d	8 d	15 d	30 d
cil-miR172b	ggaaucuugaugaugcugcag	21	MIR172	-83.7	ggagcaucaucaagauuucaca	737.97275	675.7752	519.29089	892.45228
cil-miR2592	ccacgacugcaaauauuuucuc	24	MIR2592	-45.5	aguaaugcuacaucaaucguaaa	418.04237	738.8826	807.21454	551.64526
cil-miR2664	gucaugacauguugugguagguug	24	MIR2664	-72.9	accuaucauaggaugccaugucau	21.328692	15.7769	25.70747	17.32917
cil-miR319a	uuggacuagaggagcccc	20	MIR319	-87.1	gagcccucucaguccacu	127182.99	116709.26	81785.744	115071.47
cil-miR319b	uuggacuagaggagcccc	20	MIR319	-76.4	gagcccucucaguccacu	127182.99	116709.26	81785.744	115071.47
cil-miR390	aagcucaggaggaugagcgcc	21	MIR390	-53.3	cgcuauccauccugaguucc	1612.4491	1354.1798	1933.2017	704.7196
cil-miR393	uccaagggaucgcauugauc	21	MIR393	-78	aucaugcgaucccuuaggaag	127.97215	86.7727	71.980915	69.316682
cil-miR394	uuggcauucugucaccucc	20	MIR394	-68.5	ugggcauacugccaacugagcu	695.31537	320.796	719.80915	207.95005
cil-miR396a	uuccacagcuuucuugaacuu	21	MIR396	-80.3	cucaagaaagcugugggaga	20812.538	21643.212	26926.004	27504.282
cil-miR396b	guucauaaagcugugggaug	21	MIR396	-77.6	uuccacagcuuucuugaacug	38707.311	95055.535	110470.14	30583.098
cil-miR396a	uuccacagcuuucuugaacuu	21	MIR396	-80.7	gcucaagaaagcgugggaua	20710.16	21577.475	26869.447	27313.661
cil-miR399	agggcuucucccuuuggcagg	22	MIR399	-64.7	cgccaaggagaguugcccuu	76.783292	18.4063	66.839421	25.993756
cil-miR403	uuugugcgugaaucuaauggc	21	MIR403	-79.3	uuagauucacgcacaaacucg	5012.2427	4488.5145	9933.3662	4748.1927
cil-miR4378a	uaugacuaucucugcauguua	21	MIR4378	-118.2	uaacaugcagaauaaugcauc	1876.9249	1230.5945	1634.9951	1152.3898
cil-miR4378b	ugacuaucucugcauguuaua	21	MIR4378	-40.4	ugaucccugcuaaugccguc	712.37832	707.3289	796.93156	384.12995
cil-miR482a	ggaauggcuguuuugggauga	21	MIR482	-61.8	uucccaaggccgcgcauuccga	30943.667	36341.979	39209.033	6830.5814

（续）

miRNA name	mature_sequence (5'→3')	length (nt)	Family name	MFE (kcal/mol)	Star_sequence (5'→3')	TPM			
						0 d	8 d	15 d	30 d
cil-miR482b	aaugggaagauaggaagaac	21	MIR482	-56.5	ucuuuccgacucuccauucc	4146.2978	3168.5178	3578.4798	1614.501
cil-miR482c	uggacaugggugaauugguaag	22	MIR482	-70.9	uugccaauuccaccauuccaa	16060.505	11832.639	35229.516	6726.6063
cil-miR482d	uguggauguagcaguacucu	20	MIR482	-66	aauacucuagccacaa	8.5314769	6.757752	15.424482	25.993756
cil-miR4998	cgagaauccaacgacuuugagaug	24	MIR4998	-74.3	uuuuaaaacuuuguuuaaauucuuuua	0	13.568361	15.424482	25.993756
cil-miR5067a	auacuuguuaugauuuauuga uga	24	MIR5067	-45.5	auuccacauaguuuauauacaaguu	226.08414	135.9118	149.10332	210.83824
cil-miR5067b	auacuuguuaugauuuauuga uga	24	MIR5067	-45.3	auuccacauaguuuauauacaaguu	226.08414	135.9118	149.10332	210.83824
cil-miR5745	aucuuauacgcaucgucugagcga	25	MIR5745	-22.6	cugcuaugauguaguugcuua	140.76937	262.2947	231.36723	164.62712
cil-miR5998	augugcgauuugcucugucagagg	24	MIR5998	-28.9	gcgaacagaggaacgucggacgg	8.5314769	21.0358	30.848963	23.105561
cil-miR6135	aucgauaaacucguuaaauuggccc	24	MIR6135	-42.9	uucguccguaucgguuu	12.797215	5.2591	5.1414939	23.105561
cil-miR6143	uaagacuguaucuaacauuac	21	MIR6143	-69.9	aaugaauuguacaguccuaag	145.03511	194.5812	236.50872	153.07434
cil-miR7504	uccucuuggcuguuagccaccuuguu	25	MIR7504	-88	caacgguaacaacaccgagacuaccagc	0	0	15.424482	0
cil-miR7717	gauuuguuugggcaacgacuagugu	24	MIR7717	-121.9	accaauuguucccaccaaagucuc	4.2657384	4.47011	5.1414939	5.7763902
cil-miR818	cacgacgucgguuuauuuaaca gg	24	MIR818	-58.1	uguuuguaaacuauacgcucuaaauguc	25.594431	44.7011	41.131951	92.422243
cil-miR860a	cauaucuuugacuauguacugau	23	MIR860	-63.1	uggaacauaaucagagacugu	29.860169	176.17485	174.81079	118.416
cil-miR860b	cauaucuuugacuauguacugau	23	MIR860	-57	ugagaacauaaucagagacuugu	29.860169	176.17485	174.81079	118.416
cil-miR862	ugaauguuaggaucuauuuuauauau	25	MIR862	-51.9	uauuagauaauuuauuguuuaga	34.125908	44.7011	46.273445	51.987511

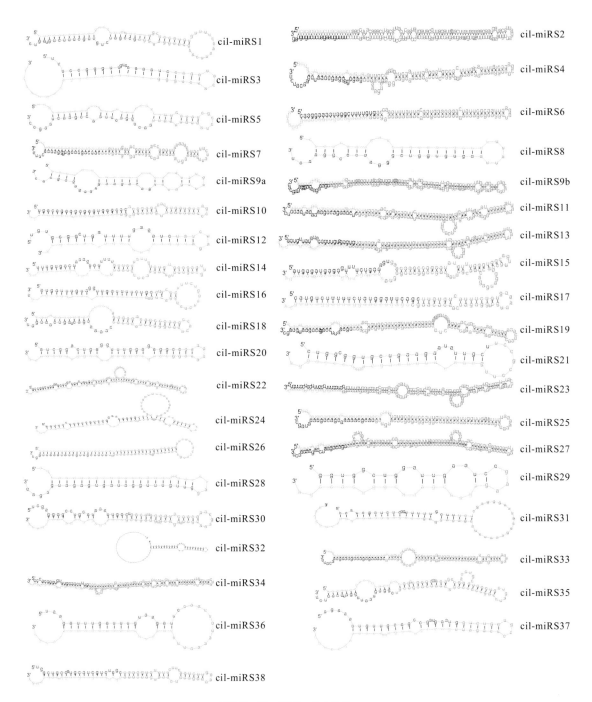

图 7-2　新 miRNAs 发夹结构

7.5 miRNA靶基因预测

利用 TargetFinder 软件将所有 miRNA 与参考 unigene 库进行比对，预测 miRNA 的靶基因。经预测共获得 584 个靶基因，其中 266 个有注释信息（表 7-4）。每一个 miRNA 均预测到了相应的靶基因，对靶基因进行 GO 分类，结果如图 7-3 所示。这些靶基因参与的生物学过程（biological process）分为 17 种，主要包括代谢过程（metabolic process）、细胞进程（cellular process）、单生物过程（single-organism process）、刺激反应（response to stimulus）、生物调节（biological regulation）等；靶基因集中在 11 种细胞组分（cellular component），主要包括细胞（cell）、细胞部分（cell part）、细胞器（organelle）、细胞膜（membrane）等；靶基因的分子功能（molecular function）分为 10 种，包括结合（binding）、催化活性（catalytic activity）、转运活性（transporter activity）等。

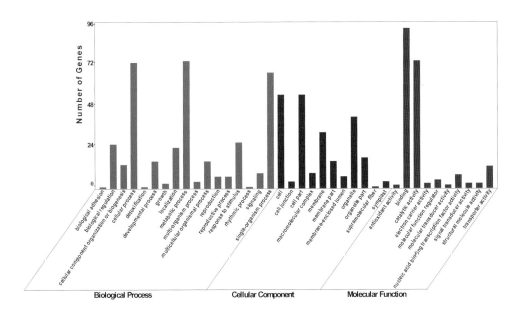

图 7-3 鉴定的 miRNA 靶基因 GO 功能注释

GO 功能分类可分为生物学过程、细胞组分、分子功能三大类

表 7-4　薄壳山核桃嫁接过程中保守 miRNA 的鉴定

miRNA name	mature_sequence (5'→3')	length (nt)	Family name	MFE (kcal/mol)	Star_sequence (5'→3')	TPM			
						0 d	8 d	15 d	30 d
cil-miR156	uugacagaagauagagagcac	21	MIR156	-44.7	gcucucuacgcuucugucauc	1053.6374	738.8826	2066.8806	496.76955
cil-miR159a	uugacugaagggagcuccc	20	MIR159	-39.3	uugucucuuagcaguccuuaa	126398.1	116022.97	81533.81	110597.65
cil-miR159b	uuuggauugaagggagcucua	21	MIR159	-107	gagcuccugaaguccaaugg	284426.64	265555.98	359349.29	294613.23
cil-miR160a	ugccuggcuccuguagcc	20	MIR160	-64.4	caauuacuggaaaagaugggcauu	174.89528	94.6612	118.25436	51.987511
cil-miR160b	ugccuggcuccugaaugc	20	MIR160	-80.5	caugaggggagucaugcaggc	191.95823	101.39261	185.09378	66.428487
cil-miR162	ucgauaaaccucugcauccag	21	MIR162	-73.6	ggaggcagcgguucaucgacc	7614.3431	10139.257	10509.214	8811.8832
cil-miR164a	caugugcucuagcucuccagc	21	MIR164	-99.1	uggagagcagggcacaugcu	25.594431	21.0358	87.405397	20.217366
cil-miR164b	uggagaagcaggggagcgugca	21	MIR164	-80.9	caugugcccgucucucccauc	2337.6247	1761.7485	2154.2859	768.25989
cil-miR166a	ucuuggagugucuucugaaucaug	24	MIR166	-27.5	ggcuucagagggaggcuucugauu	631.32929	844.0616	1475.6088	1828.2275
cil-miR166b	ucggaccaggcuucauuccc	21	MIR166	-60.2	ggaauguugucuggguucgaaa	79283.015	33244.457	39632.889	105566.42
cil-miR166c	ucggaccaggcuucauuccc	21	MIR166	-78.2	ggaauguugucuggcucgagg	68550.417	89281.207	36345.22	87359.237
cil-miR167	ugaagcugccagcaugaucuga	22	MIR167	-73.1	agaucauauggcaguuacacc	2666.0865	2250.8309	3871.5449	1894.656
cil-miR171a	uauuggcguggcucacucaga	21	MIR171	-76.3	ugauuugagccgugcaauauc	4747.7669	3063.3388	4370.2698	9025.6096
cil-miR171b	agguauugauguggcucaauu	21	MIR171	-60.2	uuugagccgucaauauucucc	473.49697	270.836	143.96183	147.29795
cil-miR172a	ggaacuugaugaugcugc	19	MIR172	-77.3	gcagcaucccuuaagauucaca	422.30811	399.6803	354.76308	242.60839

（续）

miRNA name	mature_sequence (5'→3')	length (nt)	Family name	MFE (kcal/mol)	Star_sequence (5'→3')	TPM			
						0 d	8 d	15 d	30 d
cil-miR172b	ggaaucuugaugaugcugcag	21	MIR172	-83.7	ggagcaucaucaagaguucaca	737.97275	675.7752	519.29089	892.45228
cil-miR2592	ccacgacugcaaauauauuucuc	24	MIR2592	-45.5	aguaaugcuacuacaaucguaaa	418.04237	738.8826	807.21454	551.64526
cil-miR2664	gucaugacaiuguguguuagguug	24	MIR2664	-72.9	accuaucauagaugcaugucau	21.328692	15.7769	25.70747	17.32917
cil-miR319a	uuggacugaagggagcuccc	20	MIR319	-87.1	gagcccuucagucccacu	127182.99	116709.26	81785.744	115071.47
cil-miR319b	uuggacugaagggagcuccc	20	MIR319	-76.4	gagcccuucagucccacu	127182.99	116709.26	81785.744	115071.47
cil-miR390	aagcucagaggggauagcgcc	21	MIR390	-53.3	cgcuauccauccugaguucc	1612.4491	1354.1798	1933.2017	704.7196
cil-miR393	uccaagggaucgcauugauc	21	MIR393	-78	aucaugcgauccuuaggaag	127.97215	86.7727	71.980915	69.316682
cil-miR394	uuggcauucuguccaccuc	20	MIR394	-68.5	ugggcauacugccaacugagcu	695.31537	320.796	719.80915	207.95005
cil-miR396a	uuccacagcuuucuugaacu	21	MIR396	-80.3	cucaagaagcguguggggaga	20812.538	21643.212	26926.004	27504.282
cil-miR396b	guucaauaaagcuguggga'g	21	MIR396	-77.6	uuccacagcuuucuugaacug	38707.311	95055.535	110470.14	30583.098
cil-miR396a	uuccacagcuuucuugaacu	21	MIR396	-80.7	gcucaagaaagcuguggggaua	20710.16	21577.475	26869.447	27313.661
cil-miR399	agggcuucuccuuugggcagg	22	MIR399	-64.7	cgccaagaggagaguugcccuu	76.783292	18.4063	66.839421	25.993756
cil-miR403	uuugugcgugaaucuaaugc	21	MIR403	-79.3	uuagauucacgcacaaacucg	5012.2427	4488.5145	9933.3662	4748.1927
cil-miR4378a	uaugacuaucucugcauguua	21	MIR4378	-118.2	uaacaugcagaaauagucaauc	1876.9249	1230.5945	1634.9951	1152.3898
cil-miR4378b	ugacuaucucugcauguuau	21	MIR4378	-40.4	ugauccccugcuaaugccguc	712.37832	707.3289	796.93156	384.12995
cil-miR482a	ggaaugggcuguuugggauga	21	MIR482	-61.8	uucccaagccgcgcauuccga	30943.667	36341.979	39209.033	6830.5814

（续）

miRNA name	mature_sequence (5'→3')	length (nt)	Family name	MFE (kcal/mol)	Star_sequence (5'→3')	TPM			
						0 d	8 d	15 d	30 d
cil-miR482b	aaugggaagauaggaagaac	21	MIR482	-56.5	ucuuucgacucucuccauucc	4146.2978	3168.5178	3578.4798	1614.501
cil-miR482c	uggacaugguaauugguaag	22	MIR482	-70.9	uugccaauccaccauuccaa	16060.505	11832.639	35229.516	6726.6063
cil-miR482d	uguggauguagcaguacucu	20	MIR482	-66	aauacucuagccacaaa	8.5314769	6.757752	15.424482	25.993756
cil-miR4998	cgagaauccaacgacuugagaug	24	MIR4998	-74.3	uuuuaaacuuuguuuaaauucuuuua	0	13.568361	15.424482	25.993756
cil-miR5067a	auacuuguuaugaauuauugauga	24	MIR5067	-45.5	auucacauaguuuauauacaaguu	226.08414	135.9118	149.10332	210.83824
cil-miR5067b	auacuuguuaugaauuauugauga	24	MIR5067	-45.3	auucacauaguuuauauacaaguu	226.08414	135.9118	149.10332	210.83824
cil-miR5745	aucuuauacgcaucgucugagcaga	25	MIR5745	-22.6	cugcuaugaugauguugcuua	140.76937	262.2947	231.36723	164.62712
cil-miR5998	augugcgauuugcucugucagagg	24	MIR5998	-28.9	gcgaaacagagagaacgucgacgg	8.5314769	21.0358	30.848963	23.105561
cil-miR6135	aucgauaaacugguaaauuggacc	24	MIR6135	-42.9	uucggucgguaucgguuu	12.797215	5.2591	5.1414939	23.105561
cil-miR6143	uaagacuguaucaacauuac	21	MIR6143	-69.9	aaugaauuguacaguccuaag	145.03511	194.5812	236.50872	153.07434
cil-miR7504	uccucuuggcuguuagcaccuuguu	25	MIR7504	-88	caacgguaacaccgagacuaccagc	0	0	15.424482	0
cil-miR7717	gauuuguugggcaacgacuaguugu	24	MIR7717	-121.9	accaauuguuccaccaagucuc	4.2657384	4.47011	5.1414939	5.7763902
cil-miR818	cacgacgucgguuuauuuaacagg	24	MIR818	-58.1	uguuuguaaacuauacgcucuaauguc	25.594431	44.7011	41.131951	92.422243
cil-miR860a	cauaucuuugacuauguacugau	23	MIR860	-63.1	ugagaacauaaucagagacuugu	29.860169	176.17485	174.81079	118.416
cil-miR860b	cauaucuuugacuauguacugau	23	MIR860	-57	ugagaacauaaucagagacugu	29.860169	176.17485	174.81079	118.416
cil-miR862	ugauaauguuagaucuauuuuuauaau	25	MIR862	-51.9	uauuuagauauauuuauguguu	34.125908	44.7011	46.273445	51.987511

MFE（kcal/mol）：最小折叠能（minimal folding energy）。

7.6 薄壳山核桃嫁接愈合过程差异表达的miRNA分析

为鉴定与嫁接体形成相关的潜在 miRNA，以 0 天的文库作为对照，进行了 8 d/0 d、15 d/0 d、30 d/0 d 的比较。以至少 2 倍的表达值变化及 FDR ≤ 0.01 为筛选条件，发现共有 29 个差异表达的 miRNA，其中包括 16 个保守、13 个新的 miRNA（表 7-5）。在 8 d/0 d 样品间，有 10 个差异表达的 miRNA，其中 7 个为下调，3 个为上调；在 15 d/0 d 样品间，有 14 个差异表达的 miRNA，其中 4 个为下调，10 个为上调；在 30 d/0 d 样品间，有 23 个差异表达的 miRNA，其中 19 个为下调，4 个为上调。有 10 个 miRNA 同时在两个样品组间差异表达，4 个 miRNA 在三个样品组间差异表达。部分差异表达的 miRNA 及其靶基因的表达量如图 7-4 所示，miRNA 与其靶基因基本上呈负调控关系。

表 7-5　薄壳山核桃嫁接愈合过程差异表达的 miRNAs

miRNA name	TPM				Log2 fold change (treatment vs control)			Putative target
	0 d	8 d	15 d	30 d	8d/0d	15d/0d	30d/0d	
cil-miR156	1053.64	738.88	2066.88	496.77	-0.51	0.97	-1.08	SPL
cil-miR160a	174.90	94.66	118.25	51.99	-0.89	-0.56	-1.75	ARF
cil-miR160b	191.96	103.34	185.09	66.43	-0.89	-0.05	-1.53	ARF
cil-miR164a	25.59	21.04	87.41	20.22	-0.28	1.77	-0.34	NAC
cil-miR164b	2337.62	1761.75	2154.29	768.26	-0.41	-0.12	-1.61	NAC
cil-miR166b	79283.01	33244.46	39632.89	105566.42	-1.25	-1.00	0.41	Class III HD-ZIP
cil-miR171b	473.50	270.84	143.96	147.30	-0.81	-1.72	-1.68	
cil-miR390	1612.45	1354.18	1933.20	704.72	-0.25	0.26	-1.19	
cil-miR394	695.32	320.80	719.81	207.95	-1.12	0.05	-1.74	F-box only protein 6-like
cil-miR396b	38707.31	95055.53	110470.14	30583.10	1.30	1.51	-0.34	Serine carboxypeptidase-like
cil-miR399	76.78	18.41	66.84	25.99	-2.06	-0.20	-1.56	
cil-miR482a	30943.67	36341.98	39209.03	6830.58	0.23	0.34	-2.18	
cil-miR482b	4146.30	3168.52	3578.48	1614.50	-0.39	-0.21	-1.36	
cil-miR482c	16060.51	11832.64	35229.52	6726.61	-0.44	1.13	-1.26	
cil-miR818	25.59	12.76	41.13	92.42	-1.00	0.68	1.85	
cil-miR860a	29.86	103.34	174.81	118.42	1.79	2.55	1.99	
cil-miRS2	452.17	707.33	1007.73	872.23	0.65	1.16	0.95	Syntaxin-131

（续）

miRNA name	TPM				Log2 fold change (treatment vs control)			Putative target
	0 d	8 d	15 d	30 d	8d/0d	15d/0d	30d/0d	
cil-miRS6	221.82	68.37	10.28	57.76	-1.70	-4.43	-1.94	ATP synthase gamma chain
cil-miRS7	46.92	44.70	174.81	69.32	-0.07	1.90	0.56	
cil-miRS8	81.05	52.59	359.90	31.77	-0.62	2.15	-1.35	
cil-miRS9a	34.13	23.67	25.71	0.00	-0.53	-0.41	-6.64	SPL
cil-miRS9b	34.13	23.67	25.71	0.00	-0.53	-0.41	-6.64	SPL
cil-miRS10	1847.06	2987.08	3928.10	557.42	0.69	1.09	-1.73	Cinnamoyl-CoA reductase 1
cil-miRS18	81.05	42.07	97.69	28.88	-0.95	0.27	-1.49	Esterase-like isoform X1
cil-miRS23	46.92	2.63	5.14	0.00	-4.16	-3.19	-6.64	
cil-miRS26	34.13	16.38	138.82	86.65	-1.06	2.02	1.34	cyclin-D1-1 isoform X1
cil-miRS29	230.35	199.84	534.72	5.78	-0.20	1.21	-5.32	WD-40 repeat family protein
cil-miRS33	3911.68	3512.98	3583.62	10232.88	-0.16	-0.13	1.39	Cell division control protein
cil-miRS38	4850.14	13539.17	7979.60	8863.87	1.48	0.72	0.87	

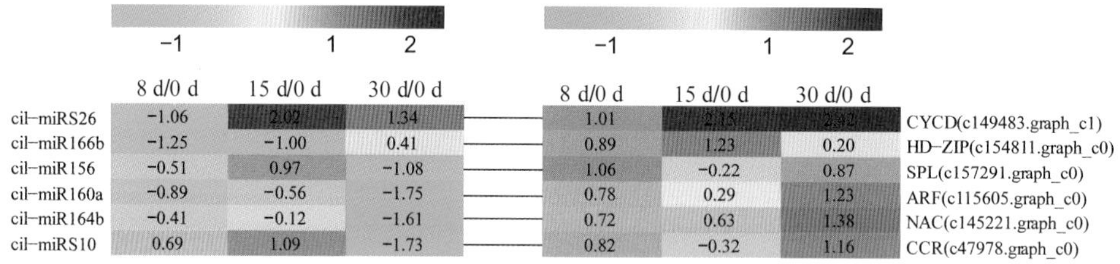

图 7-4 miRNA 及其靶基因的表达值热图

热图中的值为 log2（表达值变化倍数）

7.7 荧光定量验证

为了验证测序数据的准确性，本研究随机选择 12 个差异表达的 miRNA（其中 8 个为保守的 miRNA、4 个为新的 miRNA）进行 qRT-PCR 验证。结果（图 7-5A）显示，两种方法检测的 miRNA 表达趋势基本一致，但也存在不一致的地方，例如 miR394，测序结果显示其在 30 天时表达量显著下调，而 qRT-PCR 显示其为上调。在相对表达量变化倍数方面，两种方法存在一定的差别，例如，miRS23 在 15 天时的相对表达值为 0.11，而 qRT-PCR 检测结果为 0.60。对测序数据及荧光定量数据进行相关系数进行分析，结果显示相关系数为 0.84（图 7-5B），表明测序数据是可信的。

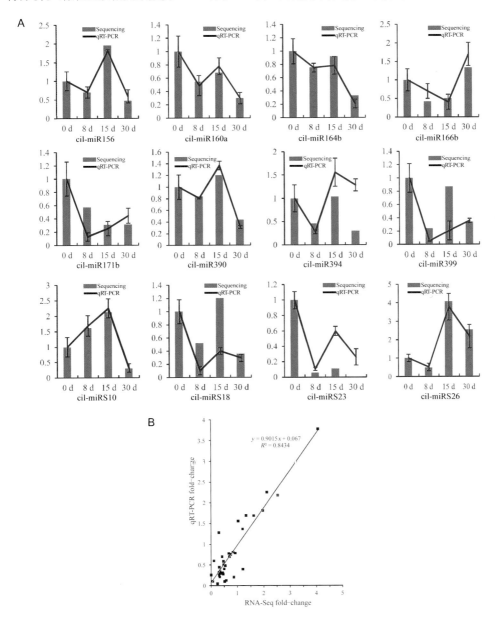

图 7-5　qRT-PCR 验证 miRNAs 的表达水平

A. 表达水平比较；B. 相关系数分析。0 d 的表达值设为 1

为了验证 miRNA 与其靶基因之间的调控关系，本试验选择三个 miRNA（miRNA160、miRNA164、miRS6）的靶基因进行 qRT-PCR 分析。结果显示，靶基因与其对应的 miRNA 呈现出负调控关系（图 7-6）。

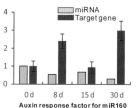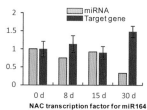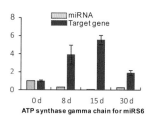

图 7-6　miRNAs 与其靶基因表达量分析

0 d 的表达值设为 1

7.8 结论与讨论

虽然嫁接已经广泛应用于农林产业中，但有关嫁接愈合分子机理的报道仍然不多。植物 miRNA 是一种非编码 RNA，其通过转录后水平调控基因的表达从而参与各种生物学过程。本研究利用高通量测序技术对薄壳山核桃嫁接愈合过程中的 sRNA 进行分析，鉴定保守 miRNA 及预测新 miRNA，筛选差异表达的 miRNA，并对 miRNA 在嫁接愈合过程中的功能进行探讨。

sRNA 的长度通常在 20~24 nt，本研究发现长度为 24 nt 的 sRNA 占的比例最大，这与前人报道相类似。miRNA 广泛存在与真核生物中，有些 miRNA 在植物中是极为保守的。本试验中，共鉴定到了 47 个属于 31 个家族的保守 miRNA，其中 miR156、miR159、miR160、miR164、miR166、miR167、miR171、miR172、miR390、miR393、miR394、miR396、miR399、miR403 是在单子叶及双子叶中均为保守的 miRNA。对所鉴定的 miRNA 是否为真实的 miRNA，RNA* 的存在与否是一个重要证据。本研究共预测到的 39 个新 miRNA 均检测到对应的 RNA* 存在，表明这些都是真实的 miRNA。前人研究表明，新 miRNA 相对表达水平通常低于保守 miRNA 的，本研究结果基本符合以上报道。

本研究筛选到了 29 个差异表达的 miRNA，其中 16 个为保守 miRNA，13 个为新 miRNA。由于嫁接愈合是一个涉及愈伤组织及维管组织形成的发育过程，因此与这些发育过程相关的 miRNA 可能也与嫁接的形成相关。之前有报道表明 miR159、miR169、miR171、miR172 参与落叶松胚性愈伤组织的形成；miR166 参与相思木木

质 部 的 发 育；miR156、miR159、miR160、miR166、miR171、miR390、miR482 参与山核桃嫁接体的形成。本试验中，miR156、miR160、miR166、miR171、miR390、miR482 在嫁接过程中差异表达，可能对促进薄壳山核桃嫁接体形成具有重要的作用。

miR156 预测的靶基因为 SPL（Squamosa Promoter-binding Protein-like），SPL 作为一种植物特异转录因子家族成员，参与多种生物学过程，包括植物形态建成、叶片发育、营养生长向生殖生长转变、花器官及果实的发育、赤霉素（GA）信号传导。SPL 参与 GA 信号传导是通过影响 GA 的生物合成起作用的。研究表明，GA 参与植物体木质部组织的发育，而木质部组织是嫁接体形成所必需的发育过程。本研究中，miR156 在嫁接后 30 天显著下调表达，可能会导致 SPL 的上调表达，促进 GA 的生物合成，从而刺激嫁接体发育过程中的木质部组织的形成。

ARF（Auxin response factor）为 miR160 其中一个靶基因。生长素已经被证实是嫁接体形成所必需的一类激素，参与愈伤组织的形成、维管组织的分化。生长素通过激活生长素响应因子的活性而进行信号传导的。拟南芥中 ARF6、ARF8 基因突变，能够导致细胞增殖的活性变弱，ARF5 的突变导致维管组织发育出现异常。本试验中，miR160a-b 在嫁接后 30 天的表达量为下调，推测 ARF 上调表达，可能对嫁接体维管组织的形成起着重要的作用。

NAC 为 miR164 预测的靶基因，这与在拟南芥、苜蓿、小麦中的报道一致。NAC 是一个调控次生壁加厚的转录因子，拟南芥中过表达 NAC1 导致其茎秆变粗。次生壁加厚是木质部组织成功分化所必需的一个生理过程。本试验中，miR164b 在 30 天时显著下调表达，可能引起 NAC 的积累，从而促进维管组织的发育。

HD-ZIP（Homeobox-leucine Zipper）为 miR166 所预测的一个靶基因。HD-ZIP 基因家族成员已经被证实在胁迫逆境，如干旱、盐胁迫、机械损伤中起作用。HD-ZIP III 是 HD-ZIP 其中一类家族成员，HD-ZIP III 促进形成层组织进入维管组织分化状态，在维管组织发育中起着重要的作用。研究发现，该基因在形成层组织中高表达，可诱导形成层细胞进入木质部分化状态。杨树中过表达 HD-ZIP III 引起皮层薄壁组织中维管形成层的异位产生。本研究中，miR166 在 15 天中显著下调，推测其可能通过上调 HD-ZIP III 的表达而激活形成层细胞进入分化状态，从而使得维管组织能够形成。miR166 同样也在嫁接后 8 天显著下调，可能如 Pina 等所报道的部分初始维管组织在嫁接体形成层对接之前就已经开始分化。

肉桂酰辅酶 A 还原酶（Cinnamoyl-CoA Reductase，CCR）为 miRS10 的一个预测靶基因，该基因编码木质素单体合成相关的酶类。杨树中 CCR 的下调表达可导致木质部组织中木质素含量减少 50%。木质素是维管组织发育所必需的物质，本试验中，在 30 天下调表达的 miRS10 可能导致 CCR 的上调，从而促进维管组织的形成。

周期蛋白 D（D-type Cyclin，CYCD）是 miRS26 所预测的一个靶基因。CYCD 与周期蛋白依赖性激酶 A（Cyclin-dependent Kinase A，CDKA）结合，促进细胞增殖。CYCD 能够被生长素、细胞分裂素所诱导，拟南芥过表达 CYCD 的外植体，在低浓度生长素的培养基中，相对野生型外植体，有较快的愈伤组织诱导速率。本研究中的 miRS26 在嫁接后 8 天，即愈伤组织形成初期，下调表达，可能引起 CYCD 的上调表达，进而促使细胞的增殖。试验发现 miRS26 在嫁接后 15 天时显著上调表达，其靶基因可能会下调，而此时嫁接体处于愈伤组织大量增殖期，由于 CYCD 为多基因家族，因而促使愈伤组织大量增殖的 CYCD 可能来自于 CYCD 家族的其他成员。

本试验采用高通量测序技术对嫁接后 0 天、8 天、15 天、30 天的 sRNA 进行了测序，试验结果共发现 86 个 miRNA，其中 47 个为保守 miRNA，39 个为新 miRNA。以 0 天的文库最为对照，共发现 29 个 miRNA 差异表达。经分析可知，miRS26 可能在愈伤组织形成过程中起作用；miR166 可能促使形成层细胞进入维管组织分化的状态；miR156、miR160、miR164、miRS10 可能与维管组织的形成有关（图 7-7）。

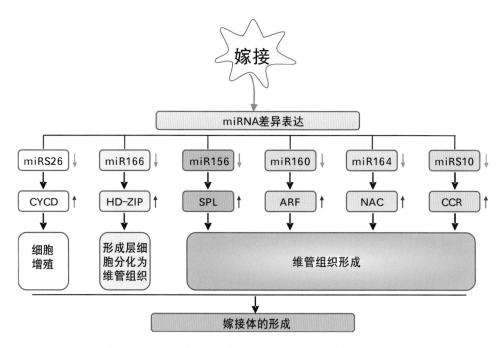

图 7-7　预测的关于差异表达的 miRNA 及其靶基因调控嫁接体形成的机理

朝上箭头代表上调；朝下箭头代表下调；CYCD，D 型周期蛋白；HD-ZIP，Homeobox-leucine zipper；NAC，NAC 转录因子；CCR，肉桂酰辅酶 A 还原酶

第 8 章

嫁接愈合过程中关键基因克隆与功能分析

8.1 CiMYB46基因的克隆与表达分析

MYB 是一类具有保守的 MYB 结构域的转录因子，其作为植物体内数量最为庞大的转录因子家族之一，广泛参与胁迫反应、植物体的发育以及代谢调节等生物学过程。MYB 转录因子通常含有三个结构域：DNA 结合结构域（DNA-binding Domain，DBD），转录激活结构域（Transactivation Domain，TAD）以及负调节区（Negative-regulatory Domain，NRD）。在这三个功能结构域当中，DBD 即为 MYB 结构域，该结构域通常含有 1~4 个不完全重复序列（Repeat-sequence，R）。每一个 R 序列由 50~53 个氨基酸残基组成，通过色氨酸残基的分割，形成螺旋—转角—螺旋（Helix-Turn-Helix)的结构。根据 MYB 结构域所含有的 R 个数,可将 MYB 家族基因分为四种：1R-MYB、2R-MYB（R2R3-MYB）、3R-MYB（R1R2R3-MYB）以及 4R-MYB。其中，R2R3-MYB 这一亚族已经被证实是参与调控苯丙烷生物合成代谢途径的转录因子。

苯丙烷生物合成代谢通路下游的分支主要包括木质素合成途径以及类黄酮合成途径，大多数编码木质素单体合成酶的基因。例如，苯丙氨酸氨解酶（PAL）、肉桂醇脱氢酶（CAD）、咖啡酰辅酶 A-O- 甲基转移酶（CCoAOMT）等其启动子区域含有可被 R2R3-MYB 转录因子识别的 AC 基序。拟南芥中正调控木质素合成的 R2R3-MYB 转录因子，包括 MYB46、MYB58、MYB63、MYB83、MYB85 等，其中 MYB83 与 MYB46 高度同源。MYB46 是非特异性的转录激活子,其不仅能够调控木质素的合成，还能够调控次生壁中纤维素、木聚糖的合成，是调控次生壁加厚的开关基因。

嫁接成活的标志是维管组织的形成，而次生壁加厚是形成层成功分化为维管组织所必需的发育过程。本试验拟对次生壁合成具有调控作用的 MYB46 转录因子进行研究。以前期的转录组数据为基础，克隆薄壳山核桃中的 CiMYB46 基因、分析其表达模式，以初步探讨该基因在嫁接愈合过程中的作用，同时对 CiMYB46 基因的启动子进行克隆，分析其转录调控机制。

8.1.1 CiMYB46基因的克隆

本研究根据薄壳山核桃嫁接体形成的转录组分析结果，从中挑选出注释为MYB46的差异表达基因，设置扩增引物，进行PCR，得到一条约1000bp的条带（图8-1）。测序结果显示该序列长度为997 bp，包含启动子和终止子，开放阅读框为969bp，编码322个氨基酸（图8-2），推导的分子量为35.84 KDa，等电点（PI）为5.76。将该序列命名为CiMYB46。

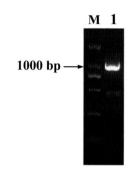

图 8-1　扩增薄壳山核桃 CiMYB46 基因
M. DL 2000 marker ；1. 目的条带

```
1    TCAGCCTCTCAAAATGAGGAAGCCAGAGCCCTTCTCAGCTGGGAAAGACAGCCATTCCAA
     M  R  K  P  E  P  F  S  A  G  K  D  S  H  S  N
61   CAACAAGCTTAGAAAGGGCCTATGGTCACCAGAAGAGGATGACAAGCTCATGAACTACAT
     N  K  L  R  K  G  L  W  S  P  E  E  D  D  K  L  M  N  Y  M
121  GTTGAAGAATGGCCAAGGTTGTTGGAGTGATGTGGCTAAAAATGCAGGCTTGCAGAGGTG
     L  K  N  G  Q  G  C  W  S  D  V  A  K  N  A  G  L  Q  R  C
181  TGGAAAGAGCTGTCGCCTTCGCTGGATTAATTACTTGAGGCCTGACCTTAAGAGAGGGGC
     G  K  S  C  R  L  R  W  I  N  Y  L  R  P  D  L  K  R  G  A
241  ATTCTCACCCCAAGAAGAAGCTCTCATCATCCATTGCACTCCCTTCTTGGCAACAGGTG
     F  S  P  Q  E  E  A  L  I  I  H  L  H  S  L  L  G  N  R  W
301  GTCTCAAATTGCAGCAGCTTCAGGGAGAACTGACAACGAAATAAAGAACTTTTGGAA
     S  Q  I  A  A  R  L  P  G  R  T  D  N  E  I  K  N  F  W  N
361  CTCATCGGTGAAGAAGAGGCTAAAGACTTTGTCAGCCACAACCTCATCACCAAGCACAAG
     S  S  V  K  K  R  L  K  T  L  S  A  T  T  S  S  P  S  T  S
421  CGATATTTCATCATCCCCTAAAGATGGCATGGGATCTGGGCTCATGATTTCCATGCAAGA
     D  I  S  S  S  P  K  D  G  M  G  S  G  L  M  I  S  M  Q  E
481  ACAAGGCACCATGCCAATCATGTACATGGATTCATCATCGGCATCATCTTCCATGCAAAA
     Q  G  T  M  P  I  M  Y  M  D  S  S  A  S  S  S  M  Q  N
541  TATGGCCCTAAATCACATGGTTGATCCATTGCATATGCTTCAGCATGGCCTGAACATGTC
     M  A  L  N  H  M  V  D  P  L  H  M  L  Q  H  G  L  N  M  S
601  CAGTGCATGTGGATACCTTAACACCACCACAATACATGGCTCAAATTGGTGTAGGTACTGG
     S  A  C  G  Y  L  N  T  P  Q  Y  M  A  Q  I  G  V  G  T  G
661  AGATAGTTTTGATGGGGAAAATGGGGCCTTTGGGGGTCTCGATACTGGGTTAGGGGAGCT
     D  S  F  D  G  E  N  G  A  F  G  G  L  D  T  G  L  G  E  L
721  GTTTGTTCCTCCTTTAGAGAGTGTAAACGTAGAAGAGAAAGCTAAAGCTGAAAATACAAA
     F  V  P  P  L  E  S  V  N  V  E  E  K  A  K  A  E  N  T  N
781  TGAGTGGACAACGAATAACAACGCCCTGTATAACACGAACAACATCAGCAATTACAATAA
     E  W  T  T  N  N  N  A  L  Y  N  T  N  N  I  S  N  Y  N  N
841  CAACAATGCTAGAGCAGAAAACTTAGCTCGAGTTAATGGAAACTGTTGGGAAGTAGAAGA
     N  N  A  R  A  E  N  L  A  R  V  N  G  N  C  W  E  V  E  E
901  GCTTAGAATGGGAGAATGGGACCTTGGAGGAGCTGATGAAAGATGTTCCCTCCTTTTCTTT
     L  R  M  G  E  W  D  L  E  E  L  M  K  D  V  P  S  F  S  L
961  AGTTGATTTCCAAATTCGGTAATCGTTTGACACTTCC
     V  D  F  Q  I  R  *
```

图 8-2　CiMYB46 cDNA 及推导的氨基酸序列

8.1.2 CiMYB46序列分析

将 CiMYB46 编码的氨基酸在 NCBI 上进行 Blastp 分析，发现氨基酸序列有 MYB 结构域（图 8-3），说明该基因为 MYB 家族基因。根据 Blastp 的分析结果，利用 DNAMAN 软件将薄壳山核桃 CiMYB46 基因与其他物种该基因进行比对（图 8-4），结果显示该序列有保守的 R2 和 R3 结构域，所比对的物种间氨基酸一致性达 73.81%，说明 MYB46 基因在不同物种间具有一定的保守性。

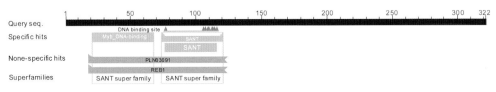

图 8-3　CiMYB46 所编码的氨基酸结构域

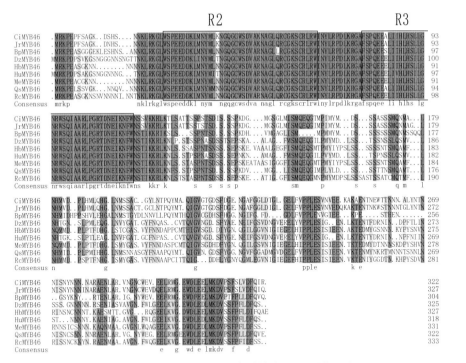

图 8-4　CiMYB46 氨基酸序列与其他其同源序列的比对

为确定 CiMYB46 与拟南芥 MYB 家族转录因子系统发育关系，将 CiMYB46 氨基酸序列与拟南芥有代表性的 MYB 转录因子氨基酸进行聚类，MYB 家族的分类采用 Dubo 的方法。结果如图 8-5 所示，CiMYB46 与拟南芥中的 AtMYB46 聚为一类。

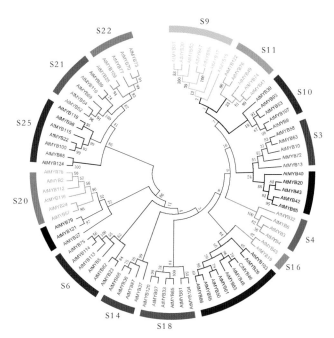

图 8-5　CiMYB46 氨基酸序列与其他其同源序列的比对

8.1.3　CiMYB46 蛋白结构分析

利用 SOPMA 在线工具对 CiMYB46 蛋白进行分析（图 8-6），结果显示，该蛋白氨基酸序列中含有 39.44% 的 α 螺旋，9.32% 的延伸链，9.63% 的 β 转角，41.61% 的无规则卷曲。使用在线工具 swissmodel 对 CiMYB46 蛋白进行三级结构预测，结果如图 8-7 所示。

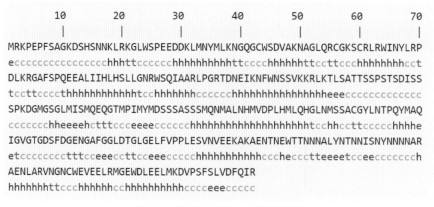

图 8-6　CiMYB46 蛋白二级结构预测

h. α 螺旋；e. 延伸链；t. β 转角；c. 无规则卷曲

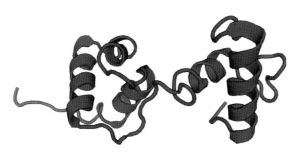

图 8-7　CiMYB46 蛋白三级结构预测

8.1.4　CiMYB46 基因的表达分析

本研究采用实时荧光定量 CR 技术分析了 CiMYB46 基因在嫁接愈合过程中的表达量，结果如图 8-8 所示，CiMYB46 基因在嫁接后 12～14 天以及 26 天的表达量上调明显，其中表达量最高的是嫁接后的 26 天。将 CiMYB46 基因与次生壁合成的结构基因（CAD、CCoAOMT、Cellulose synthase 1、Cellulose synthase 2、IRX10）进行共表达分析，结果如图 8-9 所示，CiMYB46 与次生壁合成结构基因具有类似的表达趋势。

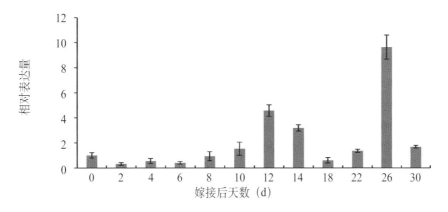

图 8-8　CiMYB46 在薄壳山核桃嫁接愈合过程中的表达分析

0 d 的表达值设为 1

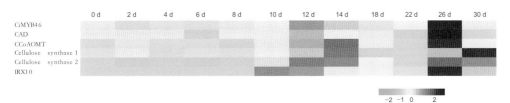

图 8-9　CiMYB46 与次生壁合成相关结构基因的共表达分析

8.1.5 CiMYB46基因启动子的克隆

为探讨 CiMYB46 转录调控的分子机制，本研究对其启动子进行克隆。以 CiMYB46 基因序列为种子序列，与薄壳山核桃基因组草图（未公开）进行本地 blast 比对，设置引物，进行 PCR 扩增，获得了一条长约 1500 bp 的条带（图 8-10）。经测序，发现该片段长为 1290 bp，起始密码子（ATG）上游序列的长度为 1070 bp（图 8-11）。

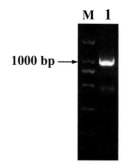

图 8-10　CiMYB46 基因启动子克隆

M. DL 2000 marker；1. 目的条带

```
-1070 CCAATCATATCACATTGGTGTACAGATTGGTGCATAATTATACTTGTAACTATATATTTTTTTCATATATATA
-1000 TTTATGAGTGAGATGTGTATGTGACAAATTTTAAGAGATTTCGGGTATTACTACTGCTAAAATGACGGGTA
-930  ACTTAAATGCAAAATACAACAGATCATGTAATTGTAAATTAATGATAATATATAAGGTTTAAGAATTGGA
-860  TATAATCATGAGGTATATTGCCATTAAGTTTGAGTAAGTGTTAATGTTAAATTCTAAATGGGTGCATGTC
-790  TGAGAAAGGTCCAAACCTTTTCTTTTGTCTCCTCTCATGGGAAAAACTTTTTAATGTCTTTTACACGTTC
-720  TGTTTAATTACTGGAGTGATTCTACTTTTCCTTCTTTAGTTTTCCCATGAACATGATCAGAGCTTTGGCA
-650  TCTTCGGCCATTCAGTATGATTAATTGGACCCGTTAAGCATGCGCCACGTACATTTATCATCATTTTATT
-580  TTTCGTACTAATTTATTTTCTTTTTTAAGATACACGTGTTGTGTGTGTGTGTGTGTGAGAGAGAGAGA
-510  GAGAGAGAGAGAGAGAGAGAGAGAGAGAGAGAGAGATTATGTGAAGTAGAAGCAAAAACCATG
      GCT
-440  TGGTTATAAAACAAACTTTCGCATTTTCTCTTGATGACTACCCTGTGAGTGATGAGTACGTAATAGAAAA
-370  AGACAAGGGGCTATGGAGTCATGGAGTCAAAGACAAGACGACCACCTCTCTCTCTCTCTCTCTCTCTC
-300  TCTCCCTCAGGTCCCCCTCCAAACCGTTTTCTACTCAGACCCAGCAACCAACCTCTCTCTCTCTTCCCTA
-230  TATTCTAAGCAAACCCCACAACCATCAGTGTCATCATGATCATTTTTCCCACTTCATGAAGCCTCCTCTC
-160  CCTCGGCTATCTCTGATCTTTTTCTCTAGCTGGCTCTCATTTTCTCTATAAAGTCTTCACTGACAACATC
-90   TAACCTGTTGGGAGCTGAAAAATTACCTATACCCAAAGGGAATATTAATTGTATTCTAGCTGCAGGCCAT
-20   TAGATCATCAGCCTCTCAAAATGAGGAAGCCAGAGCCCTTCTCAGCTGGGAAAGACAGCCATTCCAACAA
      CAAGCTTAGAAAGGGCCTATGGTCACCAGAAGAGGATGACAAGCTCATGAACTACATGTTGAAGAATGGC
      CAAGGTTGTTGGAGTGATGTGGCTAAAAATGCAGGCTTGCAGAGGTGTGGAAAGAGCTGTCGCCTTCGCT
      GGATTAATTACTTGAGGCCTGACCTTAAGA
```

图 8-11　CiMYB46 基因启动子序列

8.1.6 CiMYB46基因启动子元件分析

利用在线工具 PlantCARE 对 CiMYB46 的序列进行分析，结果如表 8-1 所示，该基因启动子区域存在多种类型的顺式作用元件，不同的元件存在不同的拷贝数。将顺式作用元件进行归类，可分为五大类。第 1 类为响应植物激素的元件，包括脱落酸(ABRE)、茉莉酸甲酯（CGTCA-motif）、赤霉素（GARE-motif）、水杨酸（TCA-element）；第 2 类为响应胁迫的元件，包括热胁迫（HSE）、低温（LTR）、防御及逆境（TC-rich repeats）；

第 3 类为光响应元件，包括 Box 4、G-Box、TCCC-motif；第 4 类为基础性元件，包括启动子及增强子区域常见的顺式作用元件（CAAT-box）、转录起始位点 -30 核心启动元件（TATA-box）、具有高转录水平的顺式元件（5UTR Py-rich stretch）；第 5 类为其他顺式作用元件，包括蛋白结合位点（Box III）、厌氧诱导所必需的作用元件（ARE）。

表 8-1 CiMYB46 启动子区包含的顺式作用元件

元件类别	元件名称	正（+）/ 反（-）链	序列	拷贝数	预测的功能
植物激素	ABRE	+/-	ACGTGGC/CACGTG /TACGTG	3	响应脱落酸
	CGTCA-motif	+/-	CGTCA	2	茉莉酸甲酯响应元件
	GARE-motif	+/-	TCTGTTG/ AAACAGA	2	赤霉素响应元件
	TCA-element	+	TCAGAAGAGG /CAGAAAGGA	2	水杨酸响应元件
胁迫	HSE		AGAAAATTCG	1	热胁迫响应元件
	LTR	-	CCGAAA	1	低温响应元件
	TC-rich repeats	+	ATTTTCTCCA	1	防御及逆境响应元件
光响应	Box 4	+/-	ATTAAT	4	光响应元件
	G-Box	+	CACGTT/CACGTG /CACGTA	3	光响应元件
	TCCC-motif	+	TCTCCCT	2	光响应元件
基础元件	CAAT-box	+/-	CAAAT/CAATT/ CCAAT /CAAT/CCAAT /GGCAAT/CAAT	10	启动子、增强子区域常见的顺式作用元件
	TATA-box	+/-	TATA/ATATAT/ TATATATA /TTTTA/TAATA	31	转录起始位点-30核心启动元件
	5UTR Py-rich stretch	-	TTTCTCTCTCTCTC	29	具有高转录水平的顺式元件
其他	Box III	-	CATTTACACT	1	蛋白结合位点
	ARE	-	TGGTTT	1	厌氧诱导所必需的作用元件

8.1.7 结论与讨论

本试验利用转录组数据对薄壳山核桃 CiMYB46 基因进行克隆，获得的序列从起始密码子（ATG）到终止密码子（TAA）的长度为 969 bp，编码 322 个氨基酸。多序列比对发现 CiMYB46 含有 R2、R3 结构域，属于典型的 R2R3-MYB 家族基因。将 CiMYB46 基因所编码的蛋白与拟南芥 MYB 转录因子进行聚类分析，结果表明 CiMYB46 与拟南芥 AtMYB46 亲缘关系较近。拟南芥中 AtMYB46 正调控构成细胞壁物质（纤维素、半纤维素、木质素）的合成，推测 CiMYB46 基因具有调控细胞壁合成的功能。本试验中，CiMYB46 基因在 12～14 天以及 26 天时的表达量显著上调，12～14 天时为愈伤组织形成期，愈伤组织多为薄壁组织，CiMYB46 在此时的上调表达，可能是参与合成愈伤组织的细胞壁物质。CiMYB46 基因在嫁接后 26 天时的表达值为最大，由于次生壁的加厚过程是维管组织成功分化所必需的生理活动，推测该基因主要参与维管组织的形成。

植物中的大多数木质素合成结构基因具有 AC 元件，能够被 R2R3-MYB 转录因子调控而表达。研究发现，松树中的 PtMYB1 是一个在木质部组织中高表达的基因，凝胶阻滞以及酵母单杂实验表明，该基因编码的蛋白能够结合到木质素合成基因启动子区的 AC 元件中，调控木质素合成相关基因的表达。枇杷树中的 EjMYB1 转录因子能够激活木质素合成基因 EjPAL1、Ej4CL1、Ej4CL5 的启动子活性，对激活 Ej4CL1 启动子活性最为明显。酵母单杂实验表明，EjMYB1 能够结合于 Ej4CL1 启动子区的 AC 元件，激活该基因的表达。巨桉树中，EgMYB2 蛋白可结合于 EgCCR、EgCAD2 的启动子区，瞬时表达结果显示 EgMYB2 可以提高这两个基因的转录水平。AtMYB46 作为木质素合成的非特异性调控因子，该蛋白同时也是次生壁中纤维素合成基因表达所必需的转录因子。杨树中，与 AtMYB46 同源的 PtrMYB3 基因，在拟南芥中超表达能够提高纤维素、木聚糖、木质素合成基因的转录活性。前人的研究结果表明，CiMYB46 能够调控与细胞壁合成相关结构基因的表达。本试验中，CiMYB46 与木质素（CAD）、纤维素（cellulose synthase）、半纤维素（IRX10）合成相关的结构基因具有相类似的表达模式，间接说明了 CiMYB46 蛋白是调控细胞壁合成的转录因子。

基因的启动子区域是 RNA 聚合酶结合、诱导基因转录起始的 DNA 序列。本试验中，CiMYB46 启动子区域含有 CAAT-box、TATA-box、5UTR Py-rich stretch 这些典型的植物启动子基础元件。TATA-box 是绝大多数植物基因转录起始所必需的元件，CAAT-box 具有增强基因转录活性的功能，5UTR Py-rich stretch 具有提高基因转录水平的活性。这三个元件在 CiMYB46 中的拷贝数均多达 10 个，表明该基因可能具有较强的转录活性。植物中的 MYB 转录因子响应多种逆境胁迫，本试验中发现 CiMYB46 存在响应低温、热激、防御相关的顺式元件，因而该基因可能响应植物的逆境胁迫。CiMYB46 存在激素响应元件，包括脱落酸（ABA）、茉莉酸甲酯（Me-JA）、赤霉素（GA）、水杨酸（SA），表明该基因可能受多激素调控。CiMYB46 响应的激素中，ABA、Me-JA、SA 参与植物体的抗性、防御响应，GA 参与生物体的生长发育过程，具有促进细胞伸长的生理作用，同时也有报道表明 GA 能够促使次生壁合成基因的表达，本研究中亦发现次生壁物质的生物合成可能受 GA 调控，推测在薄壳山核桃嫁接体的形成过程中，GA 具有促进维管组织形成的作用。

8.2 CiPAL基因的克隆与表达分析

苯丙氨酸解氨酶（Phenylalanine Ammonia-lyase，PAL）是苯丙烷生物合成（phenylpropanoid biosynthesis）代谢途径中第一步反应的催化酶，即催化苯丙烷酸脱氨基使其转化为肉桂酸。植物体中许多次生代谢产物，如类黄酮、木质素、花青素、等均属于苯丙烷类衍生物，PAL 酶活性的高低影响着这些物质的合成。苯丙烷类衍生物在植物体的生长发育、信号传导、胁迫抵御等方面具有重要的作用，PAL 基因的表达能够受到机械损伤、低温、病原菌入侵、激素、低水平矿质元素等多种条件的诱导。研究发现，PAL 基因的表达也受嫁接诱导，通常在不亲和的嫁接组合中，PAL mRNA 转录水平较亲和的嫁接组合要高。

PAL 基因广泛存在于植物、细菌、真菌中。植物体中，PAL 属于多基因家族，不同植物中其家族成员从几个到几十个不等，例如，拟南芥中有 4 个成员、黄瓜中有 7 个、西瓜中有 12 个、番茄中有 20 个。不同的 PAL 家族成员可能合成不同的苯丙烷类衍生物，有的可能与类黄酮生物合成有关，而有的与木质素合成相关，因而可能受不同的发育阶段及环境刺激所调控。树莓中 RiPAL1 与果实成熟及黄酮的合成有关，而 RiPAL2 参与花、果实发育及花青素的合成。山杨树中，PtPAL1 在尚未木质化的根、茎中表达，而 PtPAL2 在高度木质化的茎部组织中表达，同时也在尚未木质化的根尖细胞中表达。

试验从转录组数据库中，克隆了薄壳山核桃一个 PAL 基因（CiPAL），对该基因在愈合过程中的表达模式进行分析，并分析其启动子顺式作用元件，初步探索该基因在嫁接体形成过程中的功能及其调控机制。

8.2.1 CiPAL基因的克隆

根据薄壳山核桃嫁接愈合过程中的转录组学研究结果，从中挑选出注释为 PAL 的差异表达基因，设置扩增引物，进行 PCR，得到一条约 2000 bp 的条带（图 8-12），将该序列命名为 CiPAL。测序结果显示 CiPAL 长度为 2153 bp，包含启动子和终止子，

开放阅读框为 2142 bp，编码 713 个氨基酸（图 8-13），推导的分子量为 77.70 KDa，等电点为 6.13。该序列具有 PAL 酶活性位点特征序列：GTITASGDLIPLSYIA。

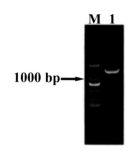

图 8-12　扩增薄壳山核桃 CiPAL 基因
M. DL 2000 marker；1. 目的条带

```
1    CTCATTAACCAGCATGGAAACCACAGGCAAGCACCAAAGCGGCTCCTTGGAGAGTCTCTG
     M E T T G K H Q S G S L E S L C
61   CGCCAGTACTCATGATCCCCTCAACTGGGGAGTGGCTGCCGAGTCACTCAAGGGCAGTCA
     A S T H D P L N W G V A A E S L K G S H
121  TCTGGAAGAGGTGAAGCGCATGGTAGCAGAGTACAGGAAGCCCTTCGTCCGGCTCGGCGG
     L E E V K R M V A E Y R K P F V R L G G
181  CGAGAACTTGACTATCTCTCAGGTGGCTGCCATAGCCACCAGAAAGTCGGCGGTGAAGGT
     E N L T I S Q V A A I A T R K S A V K V
241  GGAGCTCTCGGAGTCGGCAAGGGCGGGCGTGAAGGCGAGCAGCGACTGGGTCATGGACAG
     E L S E S A R A G V K A S S D W V M D S
301  CATGACAGCCGGAACCGACAGTTATGGTATCACCACGGGTTTTGGTGCTACTTCACACAG
     M T A G T D S Y G I T T G F G A T S H R
361  GCGAACCAAACAAGGTGGTGCTCTGCAGAAGGAGTTAATTAGATTTTTGAATGCTGGGAT
     R T K Q G G A L Q K E L I R F L N A G I
421  ATTTGGAGAAGAAACAGACGCATGCCACACATTGCCTCACTCAGCAACGAGAGCTGCTAT
     F G E E T D A C H T L P H S A T R A A M
481  GCTAGTGAGGATCAACACCCTTCTCCAAGGATACTCTGGCATTAGATTTGAAATCATGGA
     L V R I N T L L Q G Y S G I R F E I M E
541  GGCCATTGCCAAGCTCCTCAACCATAACATCACCCCCATCTTGCCACTGCGCGGTACAAT
     A I A K L L N H N I T P I L P L R G T I
601  CACTGCTTCAGGTGATCTCATCCCTCTTTCCTACATTGCTGGATTGCTCATCGGCCGTCC
     T A S G D L I P L S Y I A G L L I G R P
661  CAATGCCAAAGCCGTTGGACCCTCCGGTGAATCCCTTGATGCCACAGAAGCCTTTCGCCT
     N A K A V G P S G E S L D A T E A F R L
721  CGCCGGGTATCGAATCTGAGTTTTTTGAGTTGCAACCTAAAGAAGGCCTTGCTCTTGTTAA
     A G I E S E F F E L Q P K E G L A L V N
781  CGGCACAGCTGTTGGCTCTGGCTTCGCTTCTATGGTTCTTTTTGAGGCAAACATTCTAGC
     G T A V G S G F A S M V L F E A N I L A
841  AATTTTGTCAGAAATCTTGTCAGCTATTTTTGCGGAAGTAATGCAGGGTAAGCCTGAGTT
```

```
        I L S E I L S A I F A E V M Q G K P E F
 901  TACTGACCATTTGACACACAAGTTGAAGCACCATCCTGGCCAAATTGAAGCCGCGGCCAT
        T D H L T H K L K H H P G Q I E A A A I
 961  TATGGAACACATTTTGGACGGAAGTTCTTATGTGAAAGAAGCCAAGAAGTTGCACGAGAT
        M E H I L D G S S Y V K E A K K L H E M
1021  GGATCCCTTGCAGAAGCCTAAGCAAGACCGTTATGCACTAAGAACATCGCCTCAATGGCT
        D P L Q K P K Q D R Y A L R T S P Q W L
1081  TGGCCCACAGATTGAAGTTATCAGATACTCAACCAAGTCAATTGAAAGGGAGATCAATTC
        G P Q I E V I R Y S T K S I E R E I N S
1141  TGTCAATGATAACCCTTTGATTGATGTTTCAAGGAAGAAGGCTTTGCATGGTGGCAACTT
        V N D N P L I D V S R K K A L H G G N F
1201  CCAAGGGACACCAATTGGTGTCTCAATGGATAACACCCGTTTGGCTATTGCAGCAATTGG
        Q G T P I G V S M D N T R L A I A A I G
1261  AAAACTCATGTTTGCACAATTGTCCGAGCTTGTCAATGACTTTTACAACAATGGGCTGCC
        K L M F A Q L S E L V N D F Y N N G L P
1321  ATCAAATCTCTCTGCAGGTAGGAATCCCAGCCTGGATTATGGTTTCAAGGGTGCTGAAAT
        S N L S A G R N P S L D Y G F K G A E I
1381  TGCCATGGCTTCCTACTGTTCCGAACTTCAATTTATGGCCAATCCAGTCACTAGCCATGT
        A M A S Y C S E L Q F M A N P V T S H V
1441  CCAGAGTGCCGAGCAGCATAACCAGGATGTAAACTCTTTGGGATTGATTTCTTCAAGGAA
        Q S A E Q H N Q D V N S L G L I S S R K
1501  AACAGCAGAAGCTGTTGAAATCTTGAAGCTCATGTCTTCCACATTTCTGATAGCACTTTG
        T A E A V E I L K L M S S T F L I A L C
1561  CCAAGCTATTGATTTGAGGCATTTGGAGGAAAACTTGAAGAGCGCTGTCAAGAATACTGT
        Q A I D L R H L E E N L K S A V K N T V
1621  AAGCCATGTGGCTAAAAAAATTCTAACAACTGGTGCTAGTGGAGAACTTCACCCATCCAG
        S H V A K K I L T T G A S G E L H P S R
1681  ATTCTGCGAGAAGGATTTACTCAAAGTGGTTGATCGGGAACACGTTTTTGCCTATATTGA
        F C E K D L L K V V D R E H V F A Y I D
1741  TGACCCCTGCAGTGCGACATACCCATTGATGCAAAAACTGAGGCAAGCACTCGTTGATCA
        D P C S A T Y P L M Q K L R Q A L V D H
1801  TGCACTGGCCAATGGCGATAATGAGAAGAATGCAAACACGTCTATCTTCCAGAAGATCGG
        A L A N G D N E K N A N T S I F Q K I G
1861  GGTCTTTGAGGAAGAACTAAAGGCCATCTTGCCAAAAGAGGTGGAGAGTGCAAGAGTTTC
        V F E E E L K A I L P K E V E S A R V S
1921  AGTTGAGTGTGGTAAACCTGCAATTCCAAACCGGATCAAGGAATGCAGGTCTTATCCATT
        V E C G K P A I P N R I K E C R S Y P L
1981  GTACAAGTTTGTTAGAGAGTGTTTGGGAACTGAATTGCTGACCGGGGAAAAGGAAAGGTC
        Y K F V R E C L G T E L L T G E K E R S
2041  TGCCGGCGAGGATTTTGACGAAGTATTTACAGCAATGTGTCAGGGCAGGATGATTGATCC
        A G E D F D E V F T A M C Q G R M I D P
2101  AATCTTGGATTGCCTCAGGGACTGGACTGGTGCTCCTATTCCAATCAATTAGT
        I L D C L R D W T G A P I P I N *
```

图 8-13　CiMYB46 cDNA 及推导的氨基酸序列

8.2.2 CiPAL序列分析

将 CiPAL 所推导的氨基酸序列在 NCBI 上进行 Blastp 分析，结果发现 CiPAL 具有 PLN0245（Phenylalanine ammonia-lyase）、phe_am_lyase（Phenylalanine ammonia-lyase）、lyase_aromatic（Aromatic amino acid lyase）、PAL-HAL（Phenylalanine ammonia-lyase and histidine ammonia-lyase）、HutH（Histidine ammonia-lyase）结构域，属于 Lyase_I_like 超家族（图 8-14）。

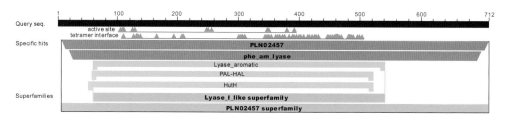

图 8-14　CiPAL 所编码的氨基酸结构域

Blastp 在线比对结果显示，薄壳山核桃 CiPAL 氨基酸序列与其他物种的 PAL 氨基酸序列存在一定程度的相似性，与白桦（*Betula platyphylla*，AKN79308.1）PAL 相似性为 91%，与葡萄（*Vitis vinifera*，ABM67591.1）、蓖麻（*Ricinus communis*，AGY49231.1）、榴莲（*Durio zibethinus*，XP_022746155.1）、毛白杨（*Populus tomentosa*，AKE81098.1）、大豆（*Glycine max*，NP_001343987.1）PAL 相似性分别为 86%、86%、85%、84%、83%。使用 DNAMAN 软件进行多序列比对，结果（图 8-15）发现，不同物种 PAL 蛋白的前 31 个氨基酸相似性较低，而剩余的氨基酸序列相似性较高。

为了解薄壳山核桃 PAL 与其他物种 PAL 的亲缘关系，使用 Neighbor-joining 法构建系统发育树，结果如图 8-16 所示。从图中可以看出单子叶植物和双子叶植物聚为两大类，来源于十字花科的拟南芥（*Arabidopsis thaliana*）、油菜（*Brassica napus*）聚为一类；蔷薇科的苹果（*Malus domestica*）、梨（*Pyrus × bretschneideri*）聚为一类；茄科的烟草（*Nicotiana tabacum*）、番茄（*Solanum lycopersicum*）；葡萄（*Vitis vinifera*）中的 PAL、PAL2 蛋白聚为一类；大戟科的蓖麻（*Ricinus communis*）、麻风树（*Jatropha curcas*）聚为一类；杨树（*Populus tomentosa*、*Populus davidiana*）中的两个 PAL 蛋白聚为一类；豆科的大豆（*Glycine max*）、蔓花生（*Arachis duranensis*）聚为一类；薄壳山核桃 CiPAL 与胡桃（*Juglans regia*）中的 PAL 聚为一类，同属胡桃科。

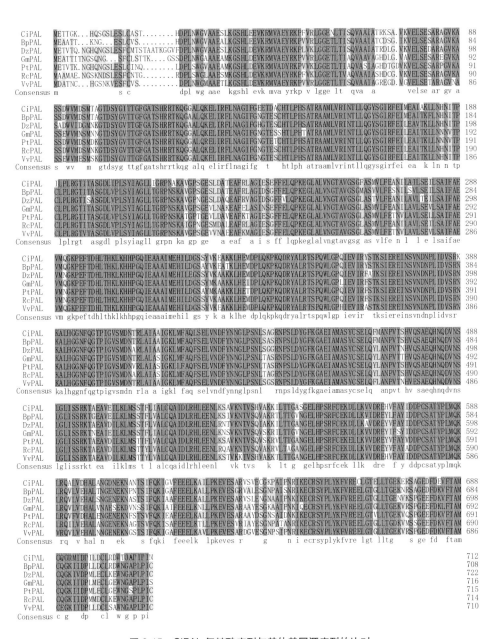

图 8-15　CiPAL 氨基酸序列与其他其同源序列的比对

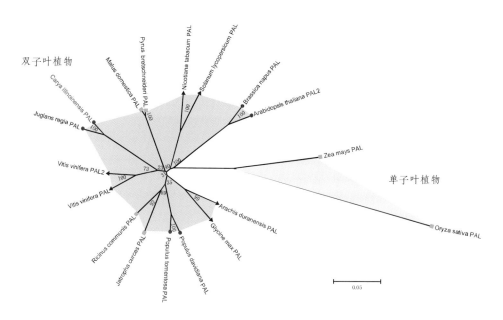

图 8-16　薄壳山核桃与其他物种中 PALs 进化树分析

各个物种 PAL 登录号如下，*Zea mays* PAL（ACG27502）、*Oryza sativa* PAL（CAA34226）、*Arabidopsis thaliana* PAL2（OAP06573）、*Brassica napus* PAL（AAX22054）、*Solanum lycopersicum* PAL（NP_001307538）、*Nicotiana tabacum* PAL（NP001312473）、*Pyrus bretschneideri* PAL（NP001306736）、*Malus domestica* PAL（AFG30054）、*Juglans regia* PAL（XP018859391）、*Vitis vinifera* PAL（ABM67591,）*Vitis vinifera* PAL2（ANB59163）、*Ricinus communis* PAL（AGY49231）、*Jatropha curcas* PAL（XP012082376）、*Populus tomentosa* PAL（AKE81098）、*Populus davidiana* PAL（ARV79882）、*Glycine max* PAL（NP001343987）、*Arachis duranensis* PAL（XP015970074）

8.2.3　CiPAL蛋白磷酸化位点预测

使用 NetPhos 2.0 Server 在线工具进行蛋白磷酸化位点预测，结果显示 CiPAL 具有丝氨酸（serine）、苏氨酸（threonine）、酪氨酸（tyrosine）3 种磷酸化位点。丝氨酸位点共有 28 个，分别为 S_{11}、S_{18}、S_{31}、S35、S_{72}、S_{81}、S_{90}、S_{103}、S_{114}、S_{150}、S_{206}、S_{224}、S_{227}、S_{325}、S_{352}、S_{366}、S_{376}、S_{386}、S_{404}、S_{440}、S_{474}、S_{478}、S_{493}、S_{549}、S_{632}、S_{636}、S_{676}；苏氨酸共有 8 个，分别为 T_4、T_{69}、T_{108}、T_{162}、T_{195}、T_{367}、T_{399}、T_{497}；酪氨酸位点共 6 个，分别为 Y_{104}、Y_{326}、Y_{347}、Y_{431}、Y_{449}、Y_{657}。再这 42 个位点中，S_{636} 得分最高，为 0.997。

8.2.4 CiPAL 蛋白结构分析

使用 SOPMA 在线工具进行 CiPAL 蛋白二级结构预测，结果如图 8-17 所示，该蛋白氨基酸序列中含有 50.84% 的 α 螺旋，10.11% 的延伸链，8.15% 的 β 转角，30.90% 的无规则卷曲。

CiPAL 蛋白二级结构中，α 螺旋所占的比例较高，N 端和 C 端以无规则卷曲形式存在。CiPAL 蛋白三级结构预测使用 Swissmodel 在线工具，结构如图 8-18 所示，其结构以 α 螺旋为主要结构元件，而 β 转角以及无规则卷曲较少。

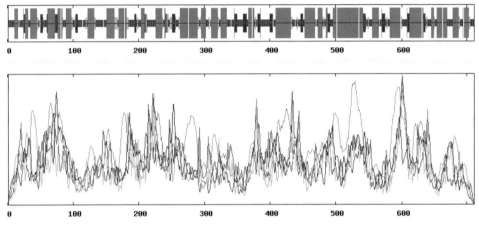

图 8-17　CiPAL 蛋白二级结构预测

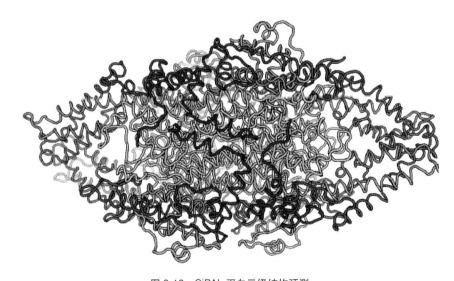

图 8-18　CiPAL 蛋白三级结构预测

8.2.5 CiPAL基因在嫁接愈合过程中的表达分析

根据 CiPAL 基因的序列设置引物，进行 qRT-PCR 以检测该基因在薄壳山核桃嫁接愈合过程中的表达模式。检测结果如图 8-19 所示，CiPAL 基因的表达量呈现"降低—升高—降低—升高"的变化趋势。在嫁接后 0~10 天 CiPAL 基因的表达值呈下调趋势，在 12~14 天时表达值显著上调，在 18~22 天的表达值与 0 天相比基本不变，26~30 天表达值显著上升，在整个嫁接愈合过程中，该基因的表达值出现两次高峰。

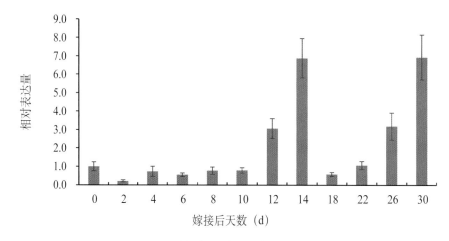

图 8-19　CiPAL 在薄壳山核桃嫁接愈合过程中的表达分析

0 d 的表达值设为 1

8.2.6 结论与讨论

本试验利用前期的转录组数据设置引物，对编码苯丙氨酸解氨酶的基因 CiPAL 进行克隆，所获得的序列包含完整的启动子和终止子，开放阅读框为 2142 bp，编码 713 个氨基酸，推导的分子量为 77.70 KDa，该分子量与其他物种中利用 SDS/PAGE 技术所显示的 PAL 蛋白分子量大小基本一致。

多数物种 PAL 氨基酸的 N 端区域存在一个高度保守的基序，GTITASGDLVPLSYIA，该段氨基酸为 PAL 酶活性区域。本研究中，CiPAL 酶活性位点特征序列为 GTITASGDLIPLSYIA，与上述报道有一个氨基酸存在差别，这可能是由于物种不同的缘故。多序列比对发现，不同物种 PAL 基因推导的蛋白，其 N 端区域的氨基酸序列表现出较大的差别，这在其他研究中也发现了类似的现象。蛋白质磷酸化是氨基酸翻译后的一种普遍的修饰方式。高等植物中，PAL 氨基酸翻译后的磷酸化可能是促使 PAL 蛋白发挥功能的一种重要方式。本试验中，CiPAL 存在 42 种潜在的磷酸化位点，推测该蛋白具有催化功能的可能性较大。

植物体中许多次生代谢物如黄酮、异黄酮、花青素、木质素、抗毒素等均是苯丙烷类衍生物，这些苯丙烷类衍生物在植物防御系统、缓解紫外辐射胁迫、信号传导及同另一种植物进行信息交流等方面起着重要的作用。苯丙氨酸解氨酶是植物体中苯丙烷类衍生物合成代谢径中的限速酶，研究发现，过表达 PAL 基因能够造成植株体内苯丙烷类衍生物的积累，而抑制 PAL 基因的表达能够导致苯丙烷类衍生物含量的降低。相关研究表明 PAL 受机械损伤所诱导。在黄芩的悬浮细胞中有三个 PAL 基因(SbPAL1、SbPAL2、SbPAL3) 响应机械损伤，其中 SbPAL1 在受到创伤后的 1～3 小时，其表达量迅速增加，随后下降到创伤前的水平，而 SbPAL2、SbPAL3 表达值峰值出现在 24 小时，随后才开始下降；红麻幼苗在受到创伤后，HcPAL 表达量迅速上升，在 1 小时时达到峰值，随后开始下调表达；生菜叶片在受到创伤后，LsPAL1 的表达量上调，在 12 小时时达到顶峰，随后表达量开始下降。本试验中，CiPAL 基因的表达模式与本课题组所检测的 PAL 酶活性大体一致，但出现峰值的时间不一样，可能是试验所使用的样品来源于不同年份的原因。CiPAL 表达量开始上调的时间出现在嫁接后的第 12 天，上述报道发现，植物在受到机械损伤后 PAL 基因表达量迅速上调，本试验未检测嫁接后 24 小时之内的表达量，因此不能推测该基因是否受机械损伤所诱导。CiPAL 基因表达量在嫁接愈合过程中有两个峰值，分别出现在嫁接后的第 14 天、30 天，对应的是愈伤组织形成期、维管组织形成期，推测该基因可能与嫁接体的发育有关。细胞增殖形成的愈伤组织是由薄壁细胞构成，而细胞壁的合成需要木质素的参与；形成层在分化为维管组织的过程中，需要经过次生壁的加厚，木质素是构成次生壁的物质之一。PAL 所参与的苯丙烷代谢途径能够产生木质素，结合 CiPAL 基因的表达峰值，推测该基因可能通过促使木质素的合成而参与嫁接体的发育。多数苯丙烷类衍生物属于抗性物质，当嫁接双方的亲和性较差时，接口处酚类物质的含量通常较亲和组合的要高，并且表现出较高的 PAL 基因表达水平。本试验中，CiPAL 在嫁接后 0～10 天及 18 天下调表达，可能是由于嫁接双方为亲和的组合，下调表达能够降低砧穗间的排斥反应，从而促进嫁接成活。

8.3 CiARF基因的克隆与表达分析

生长素作为植物体内一种重要的激素，广泛参与机体的生长发育、逆境应答等过程，大多数这些作用过程是通过调控生长素应答基因（auxin-responsive gene）的表达而起始或介导的。生长素应答基因，例如 Aux/IAA、GH3、SAUR 基因家族，能够在不需要新蛋白质合成的情况下被生长素诱导激活，属于生长素原初反应基因，这些基因启动子区域含有一个保守的顺式作用元件，即 TGTCTC，称为生长素响应元

件（AuxREs）。特异性地结合到 AuxREs 元件的转录因子称为生长素响应因子（Auxin Response Factor，ARF），它能够激活或抑制生长素应答基因的表达。ARF 是生长素信号传导途径中的关键基因，但在低浓度的生长素条件下，ARF 蛋白与 Aux/IAA 蛋白形成异源二聚体，导致其转录活性受到抑制；而在高浓度的生长素条件下，生长素通过与其受体 TIR1 相结合，形成 SCFTIR1/AFB—生长素复合体，该复合体能够泛素化 Aux/IAA 蛋白，随后 Aux/IAA 蛋白在 26S 蛋白酶体的作用下被降解，使得 2 个 ARF 蛋白形成同源二聚体，ARF 蛋白的转录活性得到激活。

ARF 在植物体内以家族形式存在，家族成员数量随物种的不同而不同，例如，在拟南芥（*Arabidopsis thaliana*）、毛果杨（*Populus trichocarpa*）、苹果（*Malus domestica*）、水稻（*Oryza sativa*）中该家族基因分别有 23，39，31，25 个。ARF 家族成员具有转录激活或转录抑制的作用，例如，在拟南芥的 23 个成员中，有 5 个（ARF5–ARF8、ARF19）为转录激活子，其他均为抑制子。由于 ARF 调控基因表达的分析是依赖于瞬时表达检测技术，在某些情况下，ARF 转录抑制子也可能具有转录激活子的作用，而转录激活子也可能具有转录抑制子的作用。大多数 ARF 蛋白有三个结构域，包括 N 端的 DNA 结合结构域（DBD）、中间结构域（MR）、C 末端的二聚结构域（CTD）。DBD 是结合到 AuxREs 元件的结构域，包含有植物特异性的 B3-type 结构域；MR 分为激活结构域（AD）和抑制结构域（RD），AD 富含谷氨酰胺、亮氨酸以及丝氨酸残基，而 RD 富含丝氨酸、脯氨酸、甘氨酸及亮氨酸残基；CTD 与 Aux/IAA 蛋白中的 III、IV 结构域具有相似性，可以引起 ARF 与 Aux/IAA 形成异源二聚体。

ARF 蛋白参与多种生物学过程的转录调控。拟南芥中，ARF19 和 NPH4/ARF7 突变能够导致植株几乎没有侧根的形成；ARF2 是生长素信号途径中的抑制子，ARF2 突变能够减弱植株对生长素的抑制性，增强对生长素的敏感性，延缓叶片的衰老；ARF8 突变能够使子房在不经过受精的情况下进行单性结实；ARF6 及 ARF8 突变导致切口损伤后的细胞分裂受到抑制；ARF5 突变能够造成维管组织发育不完全。

生长素是嫁接体发育非常重要的调控因子，本试验拟利用前期转录组数据对 ARF 基因进行克隆及表达分析，以初步了解该基因在薄壳山核桃嫁接愈合过程中的功能。

8.3.1 CiARF基因的克隆

根据薄壳山核桃嫁接愈合过程中的转录组测序结果以及浙江山核桃 ARF 基因的序列，设置扩增引物，进行 PCR，得到一条约 2000 bp 的条带（图 8-20），将该序列命名为 CiARF。测序结果显示 CiPAL 长度为 2352 bp，包含启动子和终止子，开放阅读框为 2346 bp，编码 781 个氨基酸（图 8-21），推导的分子量为 87.65 KDa，等电点为 6.49。

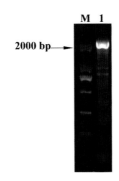

图 8-20　扩增薄壳山核桃 CiARF 基因

M. DL 2000 marker；1. 目的条带

```
1     TGAGAAATGGCGTCTTCGAGTGTCCCGGTGGCTGATTCGGAGGAGGATGCGCTATACAAG
      M A S S S V P V A D S E E D A L Y K
61    GAGCTGTGGCATGCATGTGCGGGACCTCTGGTCACGGTGCCTCGCCAGGGGGAGTTAGTT
      E L W H A C A G P L V T V P R Q G E L V
121   TTCTATTTTCCACAGGGTCACATCGAGCAGGTGGAGGCTTCGATGAATCAAGAGGCTGAG
      F Y F P Q G H I E Q V E A S M N Q E A E
181   CAGCAGATGCCAGCTTATGATCTTCCAGAGAAAATTCTCTGTCGCGTGCTCAATGTTCAA
      Q Q M P A Y D L P E K I L C R V L N V Q
241   TTGAAGGCTGAACCAGACACCGATGAAGTGTATGCTCAAGTGACTTTGGTTCCTGAACTC
      L K A E P D T D E V Y A Q V T L V P E L
301   CAGCAAGGCGAGAACTCGGTGGAGGAGAAGGGTACTTCGGCGTCTTCCCATCCTCGGCCT
      Q Q G E N S V E E K G T S A S S H P R P
361   CGTGTATATTCCTTTTGTAAGACGCTTACGGCCTCCGATACAAGCACTCATGGTGGTTTC
      R V Y S F C K T L T A S D T S T H G G F
421   TCGGTGTTGAGACGCCATGCCGATGAATGCCTACCTCCACTGGACATGTCCAAGCAACCT
      S V L R R H A D E C L P P L D M S K Q P
481   CCGACCCAGGAGTTGGCTACCAAGGATTTACATGGAAATGAATGGCGTTTTCGTCATATT
      P T Q E L A T K D L H G N E W R F R H I
541   TTTCGAGGTCAACCAAGGAGGCATCTTCTGCAGAGTGGATGGAGTCTTTTCGTCAGCTCC
      F R G Q P R R H L L Q S G W S L F V S S
601   AAAAAGCTTGCTGCTGGGGATGCTTTTATCTTCCTGAGAGATGAAACTGGGGAACTTCGT
      K K L A A G D A F I F L R D E T G E L R
661   GTGGGGGTAAGAAGAGCAATGAGGCACGGAAGTAATATTCCATCTTCTGTCATATCTAGT
      V G V R R A M R H G S N I P S S V I S S
721   CACAGTATGCATATTGGTGTCCTTGCAACAGCATGGCACGCTGTTAATACGAGTACCATG
      H S M H I G V L A T A W H A V N T S T M
781   TTCACTGTCTACTACAAGCCAAGGACTAGCCCAGCTGCATTTATCGTACCCTTTGATAAA
      F T V Y Y K P R T S P A A F I V P F D K
841   TATATGGACTCTGTCAAGAACAACTGTGCTATAGGGATGAAGTTCAAGATGAGGTTTGAG
      Y M D S V K N N C A I G M K F K M R F E
901   GGTGAAGACGCACCAGAACAGAGATTCTCTGGCACAGTGATTGGAACTGAGGATGCTGAT
      G E D A P E Q R F S G T V I G T E D A D
961   TCTGTAAGGTGGCCCGGATCAAAATGGAGATGCCTGAAGGTTCGATGGGATGAAACTTCT
      S V R W P G S K W R C L K V R W D E T S
1021  CCCATCCATCGTCCAGAAAGAGTTTCCCCTTGGAATATAGACCTTGCTTTGACTCCTACT
      P I H R P E R V S P W N I D L A L T P T
1081  CTGGATGCCCATCCAGTGTGCCGATCAAAGAGGCCTCGTGGGAACACGGTATCATCATCT
      L D A H P V C R S K R P R G N T V S S S
1141  ACTGATTCCTTTGTTCCTACAAGGGAAGGTTTGCCTAAATCTAGTGTTGACCTTTCACCA
      T D S F V P T R E G L P K S S V D L S P
1201  GAGAAAGGGTTATTAAAGACCCTGCAAGGTCAGGCAATATCAACCATGGGAGTTATCTGT
      E K G L L K T L Q G Q A I S T M G V I C
```

```
1261  GCTGGGAATAATGAGTCGGACACTACTCAAAACCCCCCTTTATGGACTCAGACACAGGGT
      A  G  N  N  E  S  D  T  T  Q  N  P  P  L  W  T  Q  T  Q  G
1321  AAGAATCAAACTGAATCGAGTTTTGGTGAAAGAGTGGGACCGGATGCAAGGGCCCCTAAA
      K  N  Q  T  E  S  S  F  G  E  R  V  G  P  D  A  R  A  P  K
1381  ATGATGCATGAGATGAACTATAGAAGTCCAGTATCAGGCTCTCTGACTCCAATGACTCCT
      M  M  H  E  M  N  Y  R  S  P  V  S  G  S  L  T  P  M  T  P
1441  TACGGGTTCCATTGGCCCTTTATTGATCAAAATGCTGATGATGCGGATCGATTGAAGAAG
      Y  G  F  H  W  P  F  I  D  Q  N  A  D  D  A  D  R  L  K  K
1501  CGTGTTTTAGATCAGAATCAGAGATCAAATTTCTTTACATTTTCCCAGTCCATGTTGCAT
      R  V  L  D  Q  N  Q  R  S  N  F  F  T  F  S  Q  S  M  L  H
1561  CCCTCATTTAATATGATGGAATGTGGCATGCAACATCCTGCACCAGCAGTTGAGCAGCAT
      P  S  F  N  M  M  E  C  G  M  Q  H  P  A  P  A  V  E  Q  H
1621  CCAGTTAATAGGTTGTTAGCTCTGCTGCCACCTACAAGTATCGAGGATTCTCCCTGTCCA
      P  V  N  R  L  L  A  L  L  P  P  T  S  I  E  D  S  P  C  P
1681  TCACTGATGAAACCACAGTCTCTGTTTTTGCAAAAAGAAGAAATGAAATCCAAGGGAGAT
      S  L  M  K  P  Q  S  L  F  L  Q  K  E  E  M  K  S  K  G  D
1741  GGCAGTTGCAAACTCTTTGGTATATCGCTCATTAGTAGTCATTTGACTACAGAACCGGCC
      G  S  C  K  L  F  G  I  S  L  I  S  S  H  L  T  T  E  P  A
1801  ACGCCACATGAAAATTTCATGCATGGGACAGAAGGGAAAATTGTTTCTCCATCAGATCGG
      T  P  H  E  N  F  M  H  G  T  E  G  K  I  V  S  P  S  D  R
1861  CTGCAGGATTTGGTGTCTGACCCAGGGTCACAGAAAGCTGTGTGTCGTATTTCTTCAGAG
      L  Q  D  L  V  S  D  P  G  S  Q  K  A  V  C  R  I  S  S  E
1921  ATATCAATTAAAGATGATGAACGAACGAGGTCTTTTCAAGCCTCTGAGCGGCTTTCTAGA
      I  S  I  K  D  D  E  R  T  R  S  F  Q  A  S  E  R  L  S  R
1981  AATGTCCAGGACAGGCTCCAGAGCAGTTCAACCAGATCTTTTATCAAGGTTCATAAGCTG
      N  V  Q  D  R  L  Q  S  S  S  T  R  S  F  I  K  V  H  K  L
2041  GGGGTTCCTGTTGGGCAGTCGTGGATCTTACCAACTTTGACGACTACAACGGATTGATG
      G  V  P  V  G  Q  S  V  D  L  T  N  F  D  D  Y  N  G  L  M
2101  GCAGAGTTGGATCATATGTTTGAGTTGAACGGTGAATTAATTGCTCCCAATAAGAGGTGG
      A  E  L  D  H  M  F  E  L  N  G  E  L  I  A  P  N  K  R  W
2161  ATGGTGGTTTTTACTGATAATGAGGGTGATATGATGCTTGTAGGAGATGATCCCTGGCGA
      M  V  V  F  T  D  N  E  G  D  M  M  L  V  G  D  D  P  W  R
2221  GAGTTCTGTAGCATGGTCCGTGAGATCTTTATCTATACTCGAGAGGAGGTTCAGAAGATG
      E  F  C  S  M  V  R  E  I  F  I  Y  T  R  E  E  V  Q  K  M
2281  CGACCCCAACCTTTGAATCCCAAAGTCAATCAGATCTCACCAGTTGCACGCCGAAAGATG
      R  P  Q  P  L  N  P  K  V  N  Q  I  S  P  V  A  R  R  K  M
2341  GGTTCAAAATAA
      G  S  K  *
```

图 8-21　CiARF cDNA 及推导的氨基酸序列

8.3.2 CiARF序列分析

将 CiARF 所推导的氨基酸序列在 NCBI 上进行 Blastp 比对，分析其保守的结构域，结果如图 8-22 所示，CiARF 具有 B3_DNA（Plant-specific B3-DNA binding domain）、Auxin_resp（Auxin response factor）、AUX_IAA 结构域。

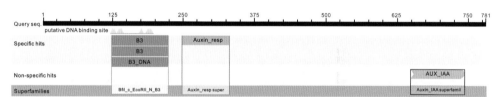

图 8-22　CiARF 所编码的氨基酸结构域

使用 Blastp 在线工具对 CiARF 蛋白进行同源性比对，结果显示，CiARF 与其他物种的氨基酸序列具有一定程度的相似性，与核桃（*Juglans regia*）、栓皮栎（*Quercus suber*）、毛白杨（*Populus tomentosa*）、拟南芥（*Arabidopsis thaliana*）的 ARF2 相似度为 95%、70%、57%、53%。根据在线比对的结果，挑选出 6 个物种的 ARF 氨基酸序列，使用 DNAMAN 软件进行比对，结果如图 8-23 所示，CiARF 蛋白 N 端具有 DNA 结合结构域（DBD），C 末端具有 AUX_IAA 二聚结构域，中间为非保守结构域，富含丝氨酸、脯氨酸、亮氨酸（SPL-rich）。

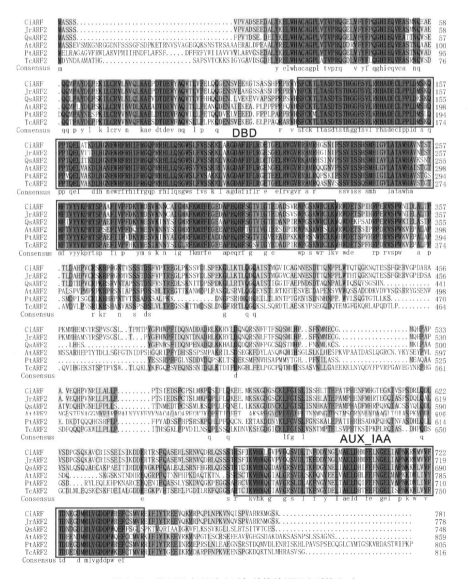

图 8-23　CiARF 氨基酸序列与其他其同源序列的比对

使用 MEGA 软件分析薄壳山核桃 CiARF 与其他物种 ARF 之间的亲缘关系，结果如图 8-24 所示，CiARF 与同属于胡桃科的核桃 ARF 聚为一类，它们的亲缘关系最近。

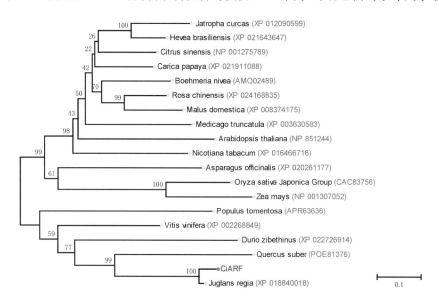

图 8-24　薄壳山核桃与其他物种中 ARFs 进化树分析

括号中的文本代表的是 NCBI 登录号

8.3.3　CiARF蛋白结构分析

使用 SOPMA 在线工具进行 CiARF 蛋白二级结构预测，结果如图 8-25 所示，该蛋白氨基酸序列中含有 19.08% 的 α 螺旋，14.21% 的延伸链，4.99% 的 β 转角，61.27% 的无规则卷曲。

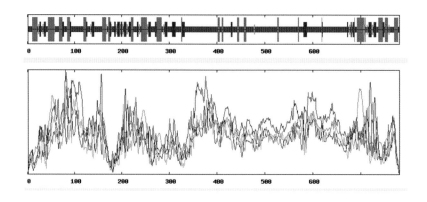

图 8-25　CiARF 蛋白二级结构预测

蓝色表示 α 螺旋；红色表示延伸链；绿色表示 β 转角；紫色表示无规则卷曲

CiARF 蛋白二级结构中，无规则卷曲所占的比例较高。CiARF 蛋白三级结构预测使用 Swissmodel 在线工具，结构如图 8-26 所示。

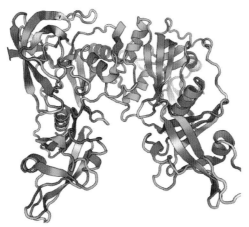

图 8-26　CiARF 蛋白三级结构预测

8.3.4　CiARF基因在嫁接愈合过程中的表达分析

根据 CiARF 基因的序列设置引物，进行 qRT-PCR 以检测该基因在薄壳山核桃嫁接愈合过程中的表达模式。检测结果如图 8-27 所示，CiARF 基因的表达量在嫁接后 4~6 天上调，在其他时间点均为下调，嫁接后的第 10 天为表达量的最低值。

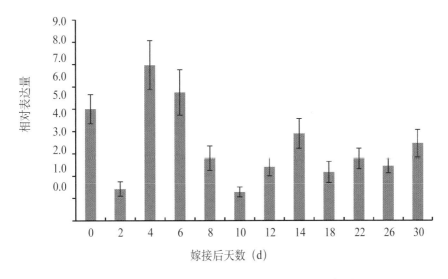

图 8-27　CiARF 在薄壳山核桃嫁接愈合过程中的表达分析

0 d 的表达值设为 1

8.3.5 CiARF基因启动子的克隆

为探讨 CiARF 转录调控的分子机制，本研究对其启动子进行克隆。以 CiARF 基因序列为种子序列，与薄壳山核桃基因组草图（未公开）进行本地 blast 比对，设置引物，进行 PCR 扩增，获得了长约 2000 bp 的条带（图 8-28）。将目的条带进行测序，结果发现该片段长为 2202 bp，起始密码子（ATG）上游序列的长度为 2010 bp（图 8-29）。

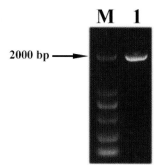

图 8-28　CiARF 基因启动子克隆
M. DL 2000 marker；1. 目的条带

```
-2010 ACTCAGCACCCAAGTTTGTTCGTATTAGCGTGAGAAATAGACCGATCATCTAATAGAAAGAGATAGATTT
-1940 AATTATTTATATTATATTTTAATATTGTGTTTGATCCAAATAATATAATAATTTATATTAGAGAAATGCA
-1870 TTAATTATAATTTTTTTTATAAAAATAAACTTATAAATTAACGTGTCATGATTTCATACGTTAAATTATA
-1800 AAAATATTTTTATTATAAAGTATAACGTATTATATAAAATCATATTAATTATTATTTGTTGAAATAAGTT
-1730 TTTAACCCAATCTAATCTTGATAATTTTCAAATGTAAATATTCTTTTACAAAGAGATTACACACTTTCAT
-1660 CTTCTCTTATGATAGAGCTTTAGCATTAGTCTAGTCAAATTTTGCCTAATTTTTATCAAAGCGGTTTGTA
-1590 TTAAAATAGTCAAAATTTCAACTCTCCACTTTTGAGTTATAATAAAGTGAAACTACTCTCCAAGTTTGGA
-1520 GTTCTAGTTCATCTCCAAAATAATTTTTTAAGTCTAAAAATATTTTTCAAGTTTTACTGTTCTATGGTTC
-1450 TACTGTTCAGTTCTCAAATTTTTTTTTTCCTCCTCCTTTAGTTGAAGTGTATTGTTGGATAATTAAATT
-1380 GAGAGAAAAAATAAAAGAAAATAATAATTTTAAGTAAAAAATAAATTATTAATTAATATATAAAGTGTA
-1310 TTTGTAAACTATAATTTTTTTAAAATTATTATTAAAATACGTAATATTCTTATTTTGAATTTAGAATAGA
-1240 CAGTTTAATATGAATTAATATTTTCAATAGTTTTAACTTTAGCTAAAATTTTAACTTTTAATCAAATTTT
-1170 AGAAGAGTTATTTGAGTGAGATAAGATAAAATAATTTTAAATATAAGTTAAGTAAATAAAAAATTGAATT
-1100 AAAAATTATAAATGATGAATGATTTATTCTGTTCTAATAATAAGATGAGACTAATGAGAGTAATTCTTAA
-1030 CCCAAACGCCCTCTAATATGCAGTCGAGAGAGGGAAAAAAAAAAAAAAATCGCTGGAGAAAGAATGAATA
G
-960 AGCGTAATTTCCGGATACGTGTCTTTCTCCCAATGGTCACTTTCACGAAGCCGTGTTATCAGCTGGTCCT
-890 AGGCTTTAAGTCAATATACATGAAGTCCCTGATCTAATCACCTTCGAACGGAGAGAAAATGGAAGCAACA
-820 GACAATCTTCTCACTTATTTTCCACGCAAGAACCGAGATTTTTATTAGCGGGTGATCTACCAACCAGGTG
-750 ACTTTATAAAATACTCTCGCTTCTTTATTAAAATCCCCAAGCAATTCCCTTCCGTCTCCCTCTAATCCTG
-680 CCTGTTAATAACAGGACAAACCCTCTTCCCGAAATCAGCATTACTTTTCGTCTACCCTCAAAGACAGACG
-610 TCGTCTTGTGCTGCCCAATTGAAGATCGACACGTACCCCGTAAAGCTAACGACGTTATGGTGAGCCCTGA
-540 ATGGTCATGTTTACCATCCCCGTTTGCCGGTTAATCAGAGGACAAAGAGCTCAGTACAGTACAGTAACCG
-470 TATGCACAAGGTAGGACAATAATTCCGTTCCGTTTCCAAAAGTGGTTGGAAAATTAATATTTTTATTAAA
-400 AAAATAAAAAAAATATATTTAAAAGAAAAATATAAGAGAAAGAGTCAGTCACACACTCGCTCAGAGAAAC
-330 GAAAAGAGCGTGAATAAAGTTGTGGTGCTCTCTCCGCAGACGTACGAATAGTAATGGCAGCGGGCAATGA
-260 TGCTGCAGTCTGCAGAAACGGTCTCAGAGAAAAAGGACGTAGTCGGAGACAGGCCAAAGAGATCGCAGA
A
-190 AGTGGCTCTTGAATCGAGGAGATGATGCGGTTTCTCTTGTCTTAAGTTTGCCCTTAAATATAGAATTACA
-120 TTTACCTTTTTATTGTTGCCGCTGTTGTTGTGTTCCGAGGTTATTTTGATTGTTCGGACGGTGATGATCG
-50 TCAATCGGCTGCGGATTGGTAGAGGTCTGTGTTGAGAATTTATCTGAGAAATGGCGTCTTCGAGTGTCCC
GGTGGCTGGTAAAGTTTGATCAATTCCAGGGGCTTTGAATTGCGTTTTTTTGTTGATGATTAACCTGTTT
GTTATATGAAGCAATCGGGAGTTTTAAAATCGCTGCTCTTTGTTTTTCTGGTGGTGGATGGTGTAGATTC
GGAGGAGGATGCGCTATACAAGGAGCTGTGGC
```

图 8-29　CiARF 基因启动子序列

8.3.6 CiARF基因启动子元件分析

利用在线工具 PlantCARE 对 CiARF 的启动子进行分析，结果如表 8-2 所示，该基因启动子区域具有调控基因转录的基本元件，如 TATA-box、CAAT-box，同时还存在一些与激素（脱落酸、茉莉酸甲酯、赤霉素、生长素）、胁迫诱导、光响应、发育相关的其他调控元件。

表 8-2　CiARF 启动子区包含的顺式作用元件

元件类别	元件名称	正（+）反（-）链	序列	拷贝数	预测的功能
植物激素	ABRE	+ / −	TACGTGTC/ TACGTG/ TACGTG	3	脱落酸响应元件
	CGTCA-motif	+	CGTCA	1	茉莉酸甲酯响应元件
	GARE-motif	−	TCTGTTG	1	赤霉素响应元件
	TGA-element	+	AACGAC	1	生长素响应元件
	TGACG-motif	−	TGACG		脱落酸响应元件
胁迫	LTR	−	CCGAAA	1	低温响应元件
光响应	3-AF1 binding site	+	AAGAGATATTT	1	光响应元件
	ACE	−	GACACGTATG	1	光响应元件
	AT1-motif	−	ATTAATTTTACA	1	光响应模块的一部分
	Box 4	+ / −	ATTAAT/ ATTAAT	2	光响应元件
	G-Box	+ / −	CACGTA	2	光响应元件
	G-box	+ / −	TACGTG	2	光响应元件
	GAG-motif	+	GGAGATG	1	光响应元件
	GT1-motif	+ / −	GGTTAA / GGTTAAT	4	光响应元件
	I-box	+	GATAAGATA	1	光响应元件
	TCCC-motif	+	TCTCCCT	1	光响应元件

（续）

元件类别	元件名称	正（+）反（-）链	序列	拷贝数	预测的功能
光响应	chs-CMA1a	−	TTACTTAA	1	光响应元件
	chs-CMA2a	+	GCAATTCC	1	光响应元件
	circadian	+	CAAAGATATC		与昼夜控制相关的顺式调控因子
基础元件	A-box	−	CCGTCC	1	顺式作用元件
	CAAT-box	+/−	CAAT/ CAAAT/ CAATT/ CCAAT	24	启动子、增强子区域常见的顺式作用元件
	TATA-box	+/−	TATA/ TTTAAAAA/ TTTTA/TAATA/ TATTTAAA	44	转录起始位点-30核心启动元件
发育	CAT-box	−	GCCACT	1	与分生组织形成相关基因的顺式作用元件
	CCGTCC-box	−	CCGTCC	1	与分生组织激活相关的顺式调控元件
	Skn-1_motif	+	GTCAT	1	胚乳形成所需的顺式调控因子
	motif I	−	GGTACGTGGCG	1	根据相关顺式调控元件

8.3.7 结论与讨论

ARF 是一种调控生长素原初反应基因表达的转录因子，属于多基因家族，在其 N 端具有保守的 DNA 结合域（DBD），C 端为保守的二聚化结构域（CTD）。N 端的 DBD 能够结合到生长素响应元件（TGTCTC），从而调控目标基因的表达，C 端的 CTD 与 Aux/IAA 蛋白的 III、IV 基元具有相似性，能与 Aux/IAA 蛋白互作，发生二聚化作用。ARF 蛋白中间区域是决定其转录活性的非保守结构域，如果该区域富含的是谷氨酰胺、亮氨酸、丝氨酸，则具有激活转录活性，如果富含的是丝氨酸、脯氨酸、甘氨酸、亮氨酸，则具有抑制转录活性。本试验所克隆的 CiARF 蛋白 N 端具有 DBD、C 末端具有 AUX_IAA 二聚结构域，表明其属于 ARF 家族的一个成员。

CiARF 蛋白的中间区域为富含丝氨酸、脯氨酸、亮氨酸（SPL-rich）的非保守域，说明 CiARF 可能具有抑制转录的活性。

拟南芥中，AtARF2 具有抑制转录的活性，ARF2 突变体植株的细胞分裂活性增强，导致种子变大、地上器官生长量增加，同时抑制花芽开放、延迟开花、延缓叶片衰老及花器官脱落。芒果（*Mangifera indica*）中的 MiARF2 基因与拟南芥 AtARF2 基因具有同源性，在拟南芥中过表达 MiARF2 能够导致根系及上胚轴的长度均变得更短，半定量结果显示，与细胞分裂相关基因（ANT、ARGOS）的表达量下降。以上研究表明 AtARF2 可能具有抑制细胞分裂的生理作用。本试验所获得的 CiARF 与拟南芥的 AtARF2 氨基酸序列具有一定的相似性（52%），推测 CiARF 具有抑制细胞分裂相关基因转录的活性。

在低浓度生长素的条件下，ARF 蛋白与 Aux/IAA 蛋白形成异源二聚体，其转录活性受到抑制，而高浓度的生长素能够引起 Aux/IAA 蛋白降解，随后 ARF 蛋白与 ARF 蛋白形成同源二聚体，从而激活 ARF 的转录活性。嫁接时，切口损伤导致砧穗原先维管组织受到破坏，生长素的极性运输被阻断，引起生长素在接口处积累。本试验中，CiARF 基因的表达量在嫁接后 4~6 天升高，可能是此时生长素在嫁接口处积累，引起 Aux/IAA 蛋白降解，释放出游离的 ARF 蛋白，ARF 基因表达量增加促使植株体内合成新的 ARF 蛋白，并与原先的 ARF 蛋白形成同源二聚体。CiARF 基因的表达量在嫁接后 8~30 天均为下调，且第 10 天（愈伤组织增殖期）时的表达量为最低，可能是该基因的下调表达能够促使细胞分裂相关基因的表达，从而促使愈伤组织的形成。对 CiARF 基因启动子调控元件进行预测，结果发现该基因响应脱落酸、茉莉酸甲酯、赤霉素以及生长素，参与植株体的发育过程。

基于以上结果，本研究提出了一个假设的关于 CiARF 调控嫁接愈合模型。如图 8-30 所示，在低浓度 IAA 条件下，CiARF 结合在 AuxRE 区，并与 AUX/IAA 形成异源二聚体，细胞分裂相关基因的转录活性受到抑制，随着 IAA 在嫁接口处的积累，促使形成 SCFTIR1/AFB-IAA 复合体，泛素化 AUX/IAA 蛋白，随后该蛋白在 26S 蛋白酶体的作用下被降解，CiARF 不再结合到 AuxRE 区，并与新合成的 CiARF 蛋白形成同源二聚体，某些作用因子结合到的 AuxRE 区，激活细胞分裂相关基因的表达。该模型主要基于前人的研究结果以及本试验对 CiARF 的克隆和表达分析，仍需进一步的试验以对该模型进行验证。

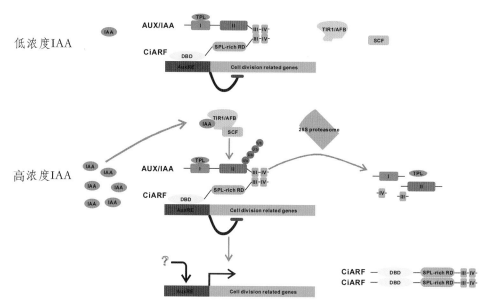

图 8-30　一个推导的关于 CiARF 调控模型

第9章

薄壳山核桃矮化砧的筛选

薄壳山核桃引种到我国已有 110 余年，我国科学家在引种、育种、栽培和良种繁育等方面开展了较多研究，使我国薄壳山核桃产业发展有了长足进步。薄壳山核桃是高大乔木，一般用本砧嫁接苗以大株行距建园，园艺化栽培主要通过修剪、拉枝、使用植物生长调节剂等方法达成矮化，矮化砧尚未得到应用。薄壳山核桃矮化砧的筛选和应用具有颠覆性。苹果、梨、桃、樱桃等重要果树树种均有相应的矮砧密植技术和理论体系，但是薄壳山核桃矮化砧相关研究报道尚少见。本研究以 9 个自由授粉的薄壳山核桃半同胞家系 1 年生实生苗和规模化繁育的苗圃实生苗为材料，以表型选择为主要手段，以筛选矮壮苗为主要目标，通过分析薄壳山核桃半同胞家系 1 年生实生苗的生长指标，在薄壳山核桃规模化苗圃中筛选嫁接未剪砧和未嫁接矮化实生壮苗并进行集中移栽养护、嫁接、调查和复选研究，以期获得薄壳山核桃矮化砧木并为薄壳山核桃矮化密植栽培提供理论和科学依据。

9.1 试验材料与方法

9.1.1 试验材料

材料 1：南京林业大学校园内自由授粉的 9 株结果母树的种子分家系播种的实生苗，编号为 V1，V2，V3，V4，V5，V6，V7，V8，V9。材料 2：来源于南京市及周边未知亲本的薄壳山核桃种子播种实生苗。

试验在南京绿宙薄壳山核桃科技有限公司六合基地和南京林业大学薄壳山核桃试验基地进行。基地分别位于南京市六合区雄州街道和江苏省句容市后白镇。两地属北亚热带季风温湿气候区，气候温和，雨量充沛，光照充足，四季分明，常年平均气温 15.1℃，平均降雨量在 1000mm 左右，是我国薄壳山核桃栽培 I 类适生区。

9.1.2 试验方法

9.1.2.1 实生苗培育及生长指标测定

试验于 2012 年秋季至 2014 年秋季进行。于 2012 年秋季采集种子后，捡除空粒和破损种子。种子经浸种、沙藏和大棚催芽后，于 2013 年 5 月初将芽苗移栽至草滩土、珍珠岩、蛭石和泥土混合基质的容器内（容器规格为 15cm×20cm），容器苗培育 1 个月左右移栽至大田，定植株行距为 20cm×30cm，6 株为 1 行，定植时将容器填装基质高度完全埋入苗床。

材料 1 每家系移栽 35 株，共计 315 株；材料 2 共计移栽约 20 万株，面积约 35 亩。移栽后定期进行统一的施肥、排灌和病虫草害控制。

苗高用直尺测量植株茎生长顶点至地面的垂直距离；嫁接苗接穗新梢茎生长顶点至接口上方沿接穗茎的方向间距离为接穗新梢高。使用电子游标卡尺测量实生苗基部离地 2cm 处的粗度（地径）和接穗距砧木 1cm 处的粗度（接穗新梢地径）。在苗圃选择矮化苗时测定样方苗高和地径，移栽定植后测定选择的矮化嫁接苗（A1）、矮化实生苗（A2）及对照苗（A3）的苗高和地径；于 2013 年生长季末测定 9 个半同胞家系实生苗的苗高和地径；于 2014 年生长季末测定 A1 和 A3 的接穗新梢高度和地径、A2 的苗高和地径。

9.1.2.2 矮化苗初选

从苗圃中根据株高表型，通过目测的方法获得矮化苗。2014 年春季薄壳山核桃萌芽前在苗圃中（地边行或床不选）选择不够嫁接规格的粗壮矮化实生苗，同时从已嫁接的苗（带未萌发方块皮芽的实生苗，品种为'波尼'）中选择明显矮生的和一组明显高的苗为对照。选择时用彩绳标记，全部田块标记好后集中移栽至已准备好的苗床。嫁接苗和实生苗分开定植，嫁接苗按 35cm×35cm 定植（行为东西向，每行 3 株），实生苗按 25cm×25cm 定植（行为东西向，每行 4 株），共计选择移栽①嫁接未剪砧（记为 A1）499 株；②嫁接对照苗群体（记为 A3）65 株；③矮化实生苗群体（记为 A2）531 株。使用系统抽样法，沿每床边走 15 步身边范围随机选 1 株为样株，测量苗高和地径，共计测量 895 个单株。

9.1.2.3 矮化苗复选

用统计学方法，对调查数据进行分析，从初选的矮化苗中进一步筛选出以矮粗为特点的矮化苗，以缩小考察范围，减少工作量。统计分析：将调查的 A1 和 A3 的群体数据剔除有缺失的（缺苗等），经此 A1 剩余 280 个备选单株，A2 剩余 382 个备选单株。分别计算两个群的 2013 年生长指标数据计算"矮壮系数"，并依据群体的总"矮壮系数"均值和标准差逐一对群体内的单株矮粗情况进行考察。

A1 群体用 2013 年的矮壮系数，分别与总体平均值 +1.5 倍标准差（$\mu_{总体}+1.5\sigma$）

标准、平均值 +2 倍标准差（μ$_{总体}$+2.0σ）标准和平均值 +3 倍标准差（μ$_{总体}$+3σ）标准进行比较，大于标准的入选，其淘汰率分别为 86.64%、95.45% 和 99.73%，高于上述平均值 +2.0 倍标准差（μ$_{总体}$+2.0σ）标准的入选，即淘汰率 97.72% 或入选率 2.28%。考虑到嫁接操作的复杂性，不使用 2014 年数据进行筛选。

A2 群体分别用 2013 和 2014 年的矮壮系数与总体平均值 +1.0 倍标准差（μ$_{总体}$+1.0σ）标准，总体平均值 +1.5 倍标准差（μ$_{总体}$+1.5σ）标准和总体平均值 +2.0 倍标准差（μ$_{总体}$+2.0σ）标准分别进行比较。其中一年某单株矮壮系数至少高于当年总体平均值 +1.5 倍标准差（μ$_{总体}$+1.5σ）标准且另一年该单株的矮壮系数至少高于当年总体平均值 +1.0 倍标准差（μ$_{总体}$+1.0σ）标准，由此淘汰率 =[1-（1-0.6827）×（1-0.8664）/2]×100%=97.88%；或某年矮壮系数高于当年平均值 +2.0 倍标准差（μ$_{总体}$+2.0σ）标准的入选，即淘汰率 97.72%。因此，其理论入选率在 2.12%～2.28% 之间。

9.2 半同胞家系种子实生苗的生长指标和矮壮系数

经单样本 Kolmogorov-Smirnov 检验，所有 9 个半同胞家系及其汇总的苗高、地径和矮壮系数数据的渐进显著性值均大于 0.05 水平，表明所有家系和混合群体的苗高、地径和矮壮系数均呈正态分布（表 9-1 和图 9-1）。对苗高和地径进行相关性检验，所有家系的苗高和地径的相关性均达显著水平，相关系数从 0.384～0.868 不等，除 V2 和 V4 外其他 7 个家系的相关性均达极显著水平。

9.3 不同半同胞家系种子实生苗的苗高、地径的遗传力

薄壳山核桃半同胞家系 V1～V9 实生苗的平均地径范围为 5.23～7.09mm，最小为 V4，最大为 V8，9 个家系的总平均地径为 6.23mm，实生苗不同家系间的平均地径差异均达到显著水平（方差 F 值为 8.799，显著性值小于 0.001）；半同胞家系实生苗平均苗高范围为 20.77～28.90cm，最小为 V4，最大为 V1，总平均苗高为 26.56cm，实生苗不同家系间的平均苗高差异均达到显著水平（方差 F 值为 8.125，显著性值小于 0.001）；矮壮系数范围为 2.26～2.56，总平均 2.43。详见表 9-1。据公式 h^2=1-（1/F）分别计算半同胞家系的苗高和地径的遗传力：$h^2_{苗高}$=1-（1/8.125）≈0.88；$h^2_{地径}$=1-（1/8.799）≈0.89。

表 9-1　薄壳山核桃半同胞家系生长指标的相关性及 Kolmogorov-Smirnov 检验

单株编号	数量	地径（mm）	苗高（cm）	矮壮系数	地径与苗高的相关性	单样本检验		
						地径	苗高	矮壮系数
V1	29	6.42±1.18 abcd	28.90±5.52 a	2.26±0.33	7.59**	0.707	0.733	0.813
V2	25	5.79±0.81 de	24.24±5.52 b	2.46±0.53	0.425*	0.599	0.739	0.301
V3	29	6.21±1.24 bcd	27.38±5.52 ab	2.32±0.43	0.730**	0.928	0.999	0.671
V4	32	5.23±0.76 e	20.77±5.52 c	2.56±0.45	0.384*	0.775	0.966	0.994
V5	30	6.83±1.19 ab	27.25±5.52 ab	2.54±0.43	0.594**	0.573	0.753	0.921
V6	29	7.05±1.25 a	28.14±5.52 a	2.53±0.38	0.698**	0.472	0.547	0.393
V7	32	5.98±1.28 cd	26.34±5.52 ab	2.29±0.27	0.868**	0.496	0.816	0.815
V8	30	7.09±1.22 a	28.13±5.52 a	2.55±0.37	0.754**	0.386	0.922	0.672
V9	28	6.72±1.35 abc	28.21±5.52 a	2.39±0.36	0.663**	0.677	0.721	0.635
	264	6.36±1.29	26.56±5.52	2.43±0.41	0.717**	0.053	0.109	0.12

若渐进显著性值大于 0.05 则保留样本数据为正态分布的假设，即样本数据呈正态分布；若显著性值小于 0.05 则不保留样本数据为正态分布的假设。不同小写字母表示在 0.05 水平下差异显著。* 示相关性在 0.05 水平显著；** 示相关性在 0.01 水平显著。

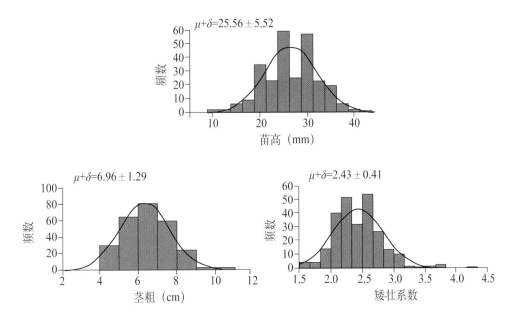

图 9-1　薄壳山核桃半同胞家系子代苗生长指标和矮壮系数的频数分布

9.4 不同矮化砧筛选群体的生长指标和矮壮系数差异

不同矮化砧筛选群体的地径（接穗地径）、苗高（接穗高）指标有差异，且年份间有差异。2013 年 A1 群体平均地径为 7.55mm，高于 A2 群体的 5.45mm，小于 A3 和样方的 10.08mm 和 8.94cm，其差异均达极显著水平；A1 群体平均苗高为 19.78cm，高于 A2 的 15.92cm，低于 A3 和样方的 49.30cm 和 34.97cm，其差异均达极显著水平。A2 群体不同年份的苗高、地径有差异，2013 年和 2014 年的苗高和地径分别为 15.92cm、29.43cm 和 5.45mm、9.91mm，且差异达极显著水平。A1（2013 年）矮壮系数最高，达 3.91，极显著高于 A2 不同年份（2013 和 2014 年）的 3.47 和 3.53，极显著高于 A3 和样方的 2.17 和 2.53；A2 群体不同年份的矮壮系数差异不明显（图 9-2）。A1 和 A3 的接穗地径分别为 8.03mm 和 10.31mm，差异达极显著水平；接穗高分别为 19.33cm 和 31.21cm，差异达极显著水平（图 9-2C）。

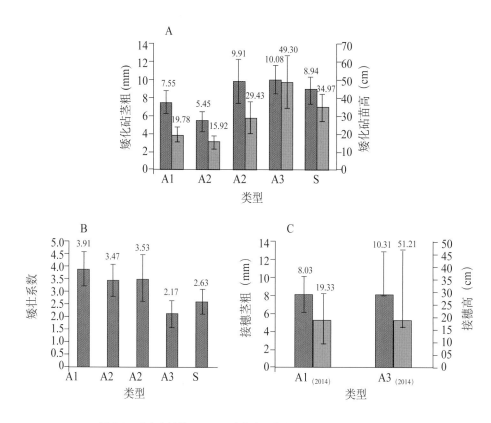

图 9-2 薄壳山核桃不同矮化砧筛选群体的生长指标和矮壮系数

A1. 移栽嫁接未剪砧群体；A2. 矮化实生苗群体；A3. 嫁接对照苗群体；S. 样方

9.5 矮化砧群体的复选结果

9.5.1 嫁接未剪砧群体（A1）的复选

经复选，从 280 个嫁接未剪砧群体（A1）共有 10 个单株入选，复选的 10 个单株，实际入选率为 3.57%，高于理论值的 2.28%。编号分别为：11023，11123，21083，22203，33071，31033，32173，33083，33103 和 33113。其中 22203 矮壮系数最大，为 6.65，2013 年地径和苗高分别为 6.65mm 和 10.00cm，2014 年接穗地径和接穗高分别为 5.78mm 和 11cm；11023 和 33071 号均通过了（$\mu_{总体} + 3.0\sigma$）标准的筛选，但 11023 和 33071 号的接穗高度分别达到了 29cm 和 27cm，明显高于 22203 号。其余单株矮壮系数在 5.34～6.27 不等，2013 年地径和苗高分别在 6.35～9.44mm

和 11.50~17.60cm 之间不等，2014 年接穗地径和接穗高分别在 5.76~10.49mm 和 7~36cm 之间不等（表 9-2）。

表 9-2　薄壳山核桃嫁接未剪砧群体（A1）经复选入选的单株及相关指标参数

单株编号	2013		2014		矮壮系数	入选苗与筛选标准差值		
	地径(mm)	苗高(cm)	接穗地径(mm)	接穗高(cm)		（$\mu_{总体}$+1.5σ）	（$\mu_{总体}$+2.0σ）	（$\mu_{总体}$+3.0σ）
11023	7.21	11.50	9.63	29.00	6.27	1.27	0.96	0.27
11123	6.35	11.90	9.40	36.00	5.34	0.34	0.03	-0.66
21083	6.76	12.30	5.76	12.00	5.50	0.50	0.19	-0.50
22203	6.65	10.00	5.78	11.00	6.65	1.65	1.34	0.65
33071	8.01	13.30	7.22	27.00	6.02	1.02	0.71	0.02
31033	9.44	17.60	7.55	17.00	5.36	0.36	0.05	-0.64
32173	7.51	13.80	7.36	16.00	5.44	0.44	0.13	-0.56
33083	7.11	13.10	6.29	7.00	5.43	0.43	0.12	-0.57
33103	8.70	16.10	10.49	17.00	5.40	0.40	0.09	-0.60
33113	9.11	15.80	8.26	18.00	5.77	0.77	0.46	-0.23

9.5.2　矮化实生苗单株群体（A2）的复选

经复选程序，从 382 个矮化实生苗单株群体（A2）中筛选出 12 个单株，入选率为 3.14%，高于理论入选率（2.12%~2.28%）。编号分别为：41181，43141，41122，42153，43203，42064，53052，53062，52183，53093，53113，52124，53194，54012。其中 41181，42064，53062，53093，53194 和 54012 等 6 个单株单独由 2013 年矮壮系数与（$\mu_{总体}$+2.0σ）标准比较得出，其余单株均经 2013 年和 2014 年矮壮系数与 2013 年和 2014 年标准值复合比较得出。其中 41122 号单株 2014 年矮壮系数最大，达 6.57，2013 年苗高和地径为 5.79mm 和 13.30cm，2014 年苗高和地径为 9.85mm 和 15.00cm。其余单株 2013 年矮壮系数在 4.20~5.17 之间，2014 年矮壮系数在 3.72~6.57 之间，苗高和地径亦不同（表 9-3）。

表9-3 薄壳山核桃嫁接未剪砧群体（A2）经复选入选的单株及相关指标参数

| 单株编号 | 地径（mm） | | 苗高（cm） | | 矮壮系数 | | 入选苗与筛选标准差值 | | | | | |
| | | | | | | | （$\mu_{总体}$+1.0σ） | | （$\mu_{总体}$+1.5σ） | | （$\mu_{总体}$+2.0σ） | |
	2013	2014	2013	2014	2013	2014	2013	2014	2013	2014	2013	2014
41181	5.00	7.86	10.00	20.00	5.00	3.93	0.89	-0.53	0.58	-1.00	0.26	-1.46
43141	6.45	13.26	15.20	24.00	4.24	5.53	0.14	1.07	-0.18	0.60	-0.50	0.13
41122	5.79	9.85	13.30	15.00	4.35	6.57	0.25	2.11	-0.07	1.64	-0.39	1.17
42153	6.80	11.95	16.20	24.00	4.20	4.98	0.09	0.52	-0.23	0.05	-0.54	-0.41
42064	5.25	7.94	11.00	24.00	4.77	3.31	0.67	-1.15	0.35	-1.62	0.03	-2.08
53052	7.98	12.40	16.90	23.00	4.72	5.39	0.62	0.93	0.30	0.47	-0.02	0.00
53062	6.13	8.00	12.50	21.00	4.90	3.81	0.80	-0.65	0.48	-1.12	0.16	-1.58
53093	8.26	11.16	17.30	30.00	4.77	3.72	0.67	-0.74	0.35	-1.21	0.03	-1.67
53113	3.91	7.57	8.30	16.00	4.71	4.73	0.60	0.27	0.29	-0.20	-0.03	-0.66
52124	5.73	9.28	11.30	20.00	5.07	4.64	0.96	0.18	0.65	-0.29	0.33	-0.75
53194	5.19	9.36	11.20	24.00	4.63	3.90	0.53	-0.56	0.21	-1.03	-0.11	-1.49
54012	4.29	9.95	8.30	26.00	5.17	3.83	1.06	-0.63	0.74	-1.10	0.43	-1.57

9.6 结论与讨论

以薄壳山核桃自由授粉的9株结果母树的种子分家系播种的1年生实生苗和未知亲本的苗圃规模化培育的1年生实生苗为材料，研究了薄壳山核桃半同胞家系苗期生长和遗传特性；依据株高表型对苗圃的1年生实生苗进行了矮化苗选择，并且进行了集中移栽养护、嫁接、调查和复选研究。结果表明，薄壳山核桃1年生实生苗的地径和苗高呈极显著正相关；半同胞家系及其混合群体子代苗木的地径和苗高均呈正态分布的特点；地径和苗高受遗传因素影响均较大，遗传力分别为0.88和0.89。经苗圃选择，筛选出嫁接未剪砧矮化苗群体499株和矮化实生苗群体531株。经移栽和1个生长季的养护，得健壮嫁接未剪砧矮化苗280株，矮化实生苗382株。经复选，获得极矮化薄壳山核桃已嫁接单株10个和实生单株12个。

薄壳山核桃是雌雄同株异熟、异花授粉的植物，其基因型是高度杂合的，而且薄壳山核桃大多数性状属于数量遗传。一般认为，植物的株高和地径为数量性状。此次研究结果表明了薄壳山核桃苗高、地径和矮壮系数的数量遗传特点。通过计算，得出薄壳山核桃 1 年生实生苗的苗高和地径遗传力分别为 0.88 和 0.89，表明薄壳山核桃实生苗苗高和地径主要受遗传控制。决定数量性状的基因也不一定都是为数众多的微效基因。植物矮化遗传主要有 2 种类型，即由单基因控制的质量性状遗传和由多基因控制的数量性状遗传。多数矮化突变体都由一对隐性基因控制。如苹果矮化性状主要由来源于'扎矮 76'的显性矮生主基因 Dw 控制。在规模化的实生苗培育过程中，笔者发现薄壳山核桃白化苗的比率在 0.1% 左右，因此不排除薄壳山核桃实生苗发生矮化突变的可能性。

薄壳山核桃的育种工作主要集中在丰产稳产、品质优良、挂果早、早熟和抗病品种为目标的果用品种的选育上，该研究中南京绿宙薄壳山核桃科技有限公司每年播种实生苗 20 万株以上，同时从国内外引进的 112 份种质资源均已进入结果期，经初步调查，发现其中不乏短枝数量多、树冠相对矮小、叶片皱缩、早果丰产的紧凑矮生型品种。充分利用好这些已有的品种资源和实生苗资源，对进行矮化资源和矮化砧选育及矮化机理研究具有重要的现实意义。

基于上述理论和物质基础，以表型选择为主要依据，筛选矮壮苗为主要目标，以矮壮系数为筛选指标，从规模化繁育的混合种源的薄壳山核桃实生苗中筛选出 10 个嫁接未剪砧单株，其接穗新梢相对矮小，且表现出粗壮、节间紧凑的特点；筛选出的 12 个矮化实生苗单株也具粗壮矮小、节间紧凑的特点。通过植株高矮表型并引入"矮壮系数"进行矮化苗（砧）的选育方法简单，且筛选群体较大，但是表型选择的不确定性和最终嫁接矮化验证，以及矮化单株的无性系扩繁、矮化机制的研究等还需进一步论证和完善。

第10章

薄壳山核桃不同类型砧木及其嫁接苗特性比较研究

薄壳山核桃树体高大，选用矮化砧是进行树体矮化的有效措施。本研究分别利用常规砧木和矮化砧木进行嫁接，对不同类型砧木及嫁接苗的生长势、内部解剖结构、光合特性、氧化酶活性和内源激素含量进行测定，分析普通砧木和矮化砧木间的差异性及不同砧木对嫁接苗生长的影响，为选育薄壳山核桃矮化砧及探讨其矮化机制提供理论依据。

10.1 不同类型砧木及其嫁接苗的生长比较

不同类型的砧木嫁接后，对应嫁接苗的生长与砧木本身特性有显著相关。通过调查测定不同类型的薄壳山核桃砧木及对应嫁接苗的苗高、地径、节间长和单叶叶面积等生长指标，结果由表10-1可知：薄壳山核桃普通砧木与矮化砧木之间的生长势存在显著差异，2年生普通砧木苗高为162.71cm，苗高增量为112.34cm，地径为16.79mm，地径增量为8.16mm；而2年生矮化砧的苗高仅为85.21cm，增量为

表10-1 不同类型砧木与嫁接苗生长情况

编号	苗高 (cm)	地径 (mm)	节间长 (cm)	单叶叶面积 (cm^2)	苗高增量 (cm)	地径增量 (mm)
1	162.71±7.51a	16.79±1.31b	3.91±0.25c	44.06±2.21a	112.34±7.82a	8.16±2.06b
2	85.21±5.43c	10.19±0.81d	3.73±0.79c	30.45±1.16c	66.75±6.29b	3.92±1.23c
3	96.22±8.84b	20.37±1.24a	4.57±0.11b	34.23±2.04b	61.31±4.97c	9.68±1.69a
4	76.37±4.07d	10.84±1.02c	5.03±0.58a	31.41±1.94c	59.12±2.97c	4.69±1.01c

同列数值后不同小写字母表示不同处理间在 $P<0.05$ 水平具有显著差异，下同。

66.75cm，地径仅增长至 10.19mm，增量为 3.92mm；且矮化砧的节间长及叶面积均小于普通砧木。

不同类型砧木的嫁接苗生长势亦具一定差异性，普通砧嫁接苗当年的新梢增长量为 61.31cm，而矮化砧的嫁接苗新梢增长量为 59.12cm，无显著差异性；普通砧嫁接苗的地径增量为 9.68mm，而矮化砧的嫁接苗仅增加了 4.69mm，差异性较显著；普通砧嫁接苗的节间长显著大于矮化砧嫁接苗，叶面积差异性不明显。

10.2 不同类型砧木及嫁接苗解剖结构比较

10.2.1 不同类型砧木根解剖结构

10.2.1.1 不同类型砧木根解剖结构比较

对不同类型的薄壳山核桃砧木根进行解剖结构观测，主要观察根部的横断面积、材部面积、皮部面积、导管密度等并计算材部和皮部面积占横断面积的比例及材皮比。分析矮化砧木的根部特性对矮化砧嫁接苗生长的影响（表 10-2）。

表 10-2 不同类型砧木的根解剖结构

编号	横断面积（mm²）	材部面积（mm²）	皮部面积（mm²）	材部比例（%）	皮部比例（%）	材皮比	导管密度（no/mm²）
1	0.36±0.026a	0.19±0.016a	0.17±0.016a	52.78±1.83a	47.22±1.83a	1.18±0.085b	88±2.72a
2	0.29±0.029b	0.16±0.015b	0.13±0.011b	55.17±1.16a	44.83±1.16b	1.23±0.053a	64±3.69b

结果表明：薄壳山核桃不同类型砧木的 2 年生根解剖形态存在差异性。普通砧木根部的横断面积、材部面积、皮部面积均大于矮化砧；但矮化砧根部的木质部比例及材皮比分别为 55.17% 和 1.23，均大于普通砧木苗；普通砧木根部的导管密度为 88 个 /mm²，矮化砧仅为 64 个 /mm²，差异性极显著。

结合不同类型砧木苗的生长势可知，砧木材部比例及材皮比越大，木质部导管密度越低，砧木苗苗高及地径增长量越小，植株矮化趋势越明显。

10.2.1.2 砧木根解剖结构与嫁接苗生长势的相关性

由表 10-3 可知：普通砧木苗的根部解剖结构特性对应嫁接苗生长势有显著相关性，苗高增量与 2 年生根的横断面积、材部面积、材部比例及导管密度正相关，其中与横断面积、材部比例、导管密度正相关性显著，相关系数分别为 0.560，0.523 和 0.613。地径增量与横断面积、材部面积及导管密度正相关，与皮部面积和材皮比负相关，相关性均不明显。导管密度与节间长度正相关性显著，相关系数 0.636，叶面积与根部

表 10-3 不同类型砧木根与对应嫁接苗生长势相关性

		横断面积	材部面积	材部比例	皮部面积	皮部比例	材皮比	导管密度
普通砧嫁接苗	苗高增量	0.560*	0.497	0.523*	-0.152	0.155	-0.073	0.613*
	地径增量	0.349	0.278	0.358	-0.155	0.204	-0.14	0.136
	节间长	-0.059	-0.042	-0.065	0.031	0.013	0.029	0.636*
	叶面积	0.127	0.19	0.04	0.256	-0.169	0.168	-0.197
矮化砧嫁接苗	苗高增量	0.384	0.418	0.31	0.354	-0.354	0.279	0.069
	地径增量	0.114	0.115	0.105	-0.003	0.003	0.066	0.12
	节间长	-0.167	-0.084	-0.259	0.298	-0.298	0.265	0.525*
	叶面积	-0.26	-0.222	-0.289	-0.018	0.018	0.058	0.299

* 表示 $0.01 < p < 0.05$ 下的显著性相关，** 表示 $p < 0.01$ 的极显著性相关，下同。

结构相关性不明显。横断面积、材部比例及材皮比越大，植株生长越快，导管密度越大，植株节间长度越大，苗高增长量越大。

矮化砧的嫁接苗生长势与根解剖结构间相关性不明显，苗高、地径增量与横断面积、材部面积、材皮比及导管密度均正相关，但相关性不显著；节间长度与导管密度具显著正相关性，相关系数为 0.525；矮化砧叶面积与对应嫁接苗生长势亦无明显相关性。

综合以上可知：普通砧嫁接苗的苗高、地径的生长受砧木根部结构中材部比例的影响较大，材部占横断面的比重越大，越有利于嫁接苗的生长。矮化砧的根部解剖结构与对应嫁接苗的生长势无显著相关性，仅导管密度对节间长度大小有正向促进作用。对比矮化砧与矮化砧嫁接苗的根解剖结构发现，对矮化砧进行嫁接后，嫁接苗的接穗在生长过程中会对根系产生影响，嫁接后根部的材皮比及导管密度均有所下降，但由于矮化砧嫁接苗的根来自砧木苗，保留了矮化砧根的主要性状特征。

10.2.2 不同类型砧木及嫁接苗茎解剖结构

10.2.2.1 不同类型砧木及嫁接苗茎解剖结构比较

结果显示：薄壳山核桃普通砧木苗与矮化砧木苗间的茎解剖结构存在显著差异性。普通砧木苗的横断面积及木质部面积、髓部面积、皮部面积均显著大于矮化砧木苗；普通实生苗的材部比例为 70.132%，矮化砧为 66.673%；导管密度亦是普通砧木苗大

表 10-4　不同类型砧木苗及嫁接苗的茎解剖结构

编号	横断面积（mm²）	木质部面积（mm²）	髓部面积（mm²）	皮部面积（mm²）
1	0.233±0.006a	0.122±0.003a	0.041±0.001a	0.069±0.002b
2	0.132±0.006d	0.069±0.004d	0.019±0.002c	0.044±0.001d
3	0.224±0.005b	0.115±0.003b	0.031±0.002b	0.078±0.005a
4	0.156±0.007c	0.082±0.004c	0.017±0.001d	0.057±0.003c

编号	材部比例（%）	皮部比例（%）	材皮比	导管密度（no/mm²）
1	70.132±1.882a	29.868±1.882d	2.348±0.010a	70.327±1.632a
2	66.673±4.381b	33.327±4.381c	2.001±0.039b	65.321±1.371b
3	65.186±2.534c	34.814±2.534b	1.872±0.041c	41.293±1.622d
4	63.456±1.11d	36.544±1.112a	1.736±0.088d	43.656±1.484c

于矮化砧木苗。结合普通砧木苗与矮化砧木苗的生长势可知，矮化砧表现出矮化特性跟植株茎的发育情况有关，茎的发育比普通砧木发育的缓慢，导致植株生长发育所需的营养及矿物质供应不足，所以植株的苗高增长较少。

而嫁接苗的茎部横断面积、木质部面积、皮部面积等虽然差异性较大。但两种嫁接苗的材部、皮部比例及导管密度差异性不大。说明不同类型嫁接苗由于所选用的砧木类型不同而表现出生长势上的差异性，但是接穗均来自 Pownee 品种，新梢发育来的茎解剖结构各部分比例及导管密度差异性不大（表 10-4）。

10.2.2.2　砧木茎解剖结构与嫁接苗生长的相关性

由表 10-5 可知，普通砧木的茎解剖结构与对应嫁接苗之间有一定的相关性。植株的苗高与木质部面积显著负相关，相关系数 0.588；与髓部面积、材部占横断面的比例及材皮比负相关，相关性不明显。普通砧木的茎木质部导管密度与对应嫁接苗的节间长度显著负相关；普通砧嫁接苗苗高、地径的增量，叶面积等指标与砧木的茎解剖结构间相关性均没有达到显著水平。

矮化砧木的茎解剖结构与矮化砧嫁接苗生长势间相关性明显。矮化砧嫁接苗的苗高与砧木茎的材部比例与材皮比显著正相关，相关系数分别为 0.655，0.638，与皮部比例的相关系数为 0.655，显著负相关；矮化砧嫁接苗的叶面积与矮化砧的木质部导管密度显著正相关，相关系数为 0.547；嫁接苗的节间长度与矮化砧木茎的木质部面积相关系数为 0.518，显著正相关；砧木茎的材部面积及材皮比对矮化砧嫁接苗的生长有显著的正向促进作用。

表10-5　不同类型砧木解剖结构与对应嫁接苗生长势相关性

		横断面积	木质部面积	髓部面积	皮部面积	材部比例	皮部比例	材皮比	导管密度
普通砧嫁接苗	苗高	0.095	-0.588*	-0.215	0.096	-0.054	0.054	-0.047	0.056
	地径	0.175	0.171	0.302	0.128	0.077	-0.077	0.069	0.261
	苗高增量	0.031	0.051	-0.055	-0.041	0.109	-0.109	0.111	-0.038
	地径增量	-0.041	-0.034	0.037	-0.046	-0.009	0.009	-0.013	0.188
	节间长	-0.351	-0.318	-0.387	-0.382	0.047	-0.047	0.051	-0.597*
	叶面积	-0.231	-0.212	-0.13	-0.225	-0.114	0.114	-0.117	-0.168
矮化砧嫁接苗	苗高	-0.152	-0.489	-0.378	-0.199	0.655*	-0.655*	0.638*	0.468
	地径	-0.234	-0.221	-0.231	-0.233	0.201	-0.201	0.229	-0.023
	苗高增量	-0.549*	-0.417	-0.63*	-0.547*	0.579*	-0.579*	0.587*	0.362
	地径增量	-0.081	-0.101	0.01	-0.019	0.087	-0.087	0.116	-0.206
	节间长	0.47	0.518*	0.355	0.449	-0.083	0.083	-0.092	0.367
	叶面积	-0.408	-0.37	-0.389	-0.389	0.103	-0.103	0.093	0.547*

　　综合以上分析可知：不同类型砧木的茎结构对相应嫁接苗的影响机理存在差异，普通砧嫁接苗生长的主要影响因子为砧木木质部的面积，木质部面积越小，嫁接苗长得越高。而矮化砧嫁接苗主要受到矮化砧茎材部比例及材皮比的影响，矮化砧茎材部比例越高，材皮比越大，矮化砧嫁接苗长得越高，苗高的增长量越大；矮化砧茎的皮部比例越大，矮化砧嫁接苗的苗高及增长量越小，矮化趋势越明显。这与矮化砧与普通砧木嫁接后对应嫁接苗的生长势表现出的差异性相一致。

10.2.3　不同类型砧木及嫁接苗叶解剖结构

10.2.3.1　不同砧木类型及嫁接苗叶解剖结构比较

　　对不同类型薄壳山核桃砧木苗及嫁接苗的成熟叶片进行解剖结构分析可知：普通砧木苗与矮化砧的叶片组织不同厚度，除下表皮厚度差异性较小外；上表皮厚度、栅栏组织、海绵组织厚度及叶片总厚度均存在显著差异性，普通砧木苗的叶片各部分厚度及叶片总厚度均大于矮化砧木苗。普通砧木苗的叶片厚度可达 31.42 μm，而矮化砧仅为 25.36 μm。而普通砧嫁接苗与矮化砧的嫁接苗叶片结构间无显著差异性（表10-6）。

表 10-6 不同类型砧木及嫁接苗叶片不同组织厚度（μm）

编号	上表皮	下表皮	栅栏组织	海绵组织	总厚度
1	2.13±0.30a	1.13±0.16a	18.23±1.26a	9.93±1.23a	31.42±2.72a
2	1.97±0.14b	1.11±0.11a	13.63±0.61b	8.65±0.43b	25.36±0.99b
3	1.55±0.11c	1.11±0.15a	9.86±0.45c	7.64±0.35c	20.15±0.57c
4	1.64±0.10c	0.97±0.12b	9.71±0.41c	7.36±0.34c	19.68±0.86c

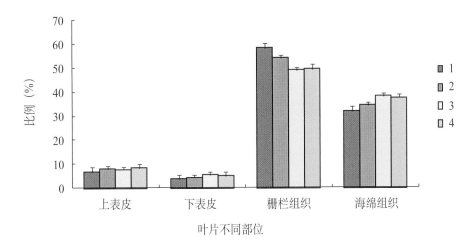

图 10-1 不同类型砧木苗及嫁接苗的叶片比不同组织比例

由图 10-1 可知：薄壳山核桃叶片解剖结构中栅栏组织和海绵组织占较大比例，两者占叶片总厚度的 80% 以上。普通砧木苗叶片的上下表皮、海绵组织在叶片总厚度中的比例均小于矮化砧木苗；但矮化砧木苗叶片的栅栏组织比例小于普通砧木苗。砧木苗嫁接后，叶片栅栏组织的比例有所下降，而海绵组织的比例有所上升。但两种嫁接苗之间，各组织所占比例均保持一致，无显著差异性。

综合以上可知：不同类型砧木的叶片结构差异性明显，矮化砧的叶片较薄，但上下表皮较厚，海绵组织的比例较低；而矮化砧嫁接苗与普通砧木的嫁接苗叶片均由 Pownee 品种的接穗生长发育而来，叶片结构特性差异性不大。

10.2.3.2 砧木叶解剖结构与嫁接苗生长的相关

由表 10-7 可知：矮化砧嫁接苗的苗高与矮化砧叶片总厚度、上下表皮及栅栏组织比例均正相关，其中与叶片厚度显著正相关，相关系数为 0.515，与栅海比显著负

表 10-7　矮化砧叶解剖结构与矮化砧嫁接苗生长势相关性

矮化砧嫁接苗	矮化砧木苗					
	上表皮	下表皮	栅栏组织	海绵组织	叶片总厚度	栅海比
苗高	0.439	0.134	0.045	-0.253	0.515*	-0.552*
地径	0.404	-0.248	-0.051	0.308	0.034	0.176
节间长	0.303	0.149	0.206	0.528*	0.054	0.338
叶面积	0.309	0.289	0.13	-0.29	0.134	0.17
苗高增量	-0.089	0.031	0.047	-0.07	-0.067	-0.125
地径增量	0.667*	-0.07	-0.154	0.641*	0.523*	0.28

相关，相关系数达 0.552；矮化砧嫁接苗的地面茎粗度和叶面积与矮化砧的叶片结构特性相关性不显著，但地径增量与矮化砧叶的上表皮比例、海绵组织比例及叶厚度显著正相关，相关系数分别为 0.667，0.641 和 0.523；矮化砧叶的海绵组织占叶片的比例与嫁接苗的节间长度具显著正相关性，影响系数为 0.528。

以上分析说明，薄壳山核桃矮化砧嫁接苗的生长主要受到矮化砧叶片海绵组织及栅栏组织的影响。叶片栅海比较高的砧木类型嫁接后，嫁接苗的矮化趋势明显。

10.3　不同类型砧木及嫁接苗的生理生化特性分析

10.3.1　不同类型砧木及嫁接苗的生理生化特性比较

10.3.1.1　不同类型砧木及嫁接苗的叶绿素含量及光合特性

对不同类型砧木及对应嫁接苗的叶绿素含量及叶光合特性进行测定，结果由表

表 10-8　不同砧木类型及对应嫁接苗叶光合特性及叶绿素含量

编号	叶绿素 a (mg/g)	叶绿素 b (mg/g)	光合速率 [mmol/ (m²s)]	气孔导度 (mol/m²s)	胞间 CO_2 浓度 (μmol/mol)	蒸腾速率 [mmol/ (m²s)]
1	1.459±0.159a	0.969±0.115a	9.456±0.189b	0.251±0.057a	289.68±19.2a	4.13±0.64a
2	1.118±0.088b	0.937±0.152a	7.625±1.907c	0.186±0.079b	279.12±18.1a	3.43±0.95b
3	0.987±0.056c	0.583±0.031b	11.347±1.275a	0.224±0.074ab	255.27±18.6b	4.11±0.87a
4	0.297±0.053d	0.173±0.029c	6.640±2.174c	0.037±0.005c	179.20±30.7c	1.23±0.16c

10-8 可知：不同类型的薄壳山核桃砧木及嫁接苗的叶绿素含量及光合特性存在一定的差异性。普通砧木的叶绿素含量为 1.459mg/g，显著大于矮化砧；普通砧与矮化砧的叶绿素 b 含量接近，无明显差异性；矮化砧的光合速率为 7.625 mmol/（m²·s），气孔导度为 0.186 mol/（m²·s），蒸腾速率为 3.43 mmol/（m²·s），均显著小于普通砧木苗；矮化砧与普通砧胞间 CO_2 浓度分别为 279.12 μmol/mol 和 289.68μmol/mol，差异性不明显。普通砧嫁接苗与矮化砧木嫁接苗的叶绿素含量和光合特性差异性极显著。而矮化砧嫁接苗的光合速率、气孔导度、胞间 CO_2 浓度及叶绿素含量等指标均比矮化砧木苗小。

10.3.1.2 不同类型砧木及嫁接苗酶活性与内源激素含量

由表 10-9 可知：不同类型薄壳山核桃叶片中酶活性存在差异性，普通砧木苗的 IOD 酶活性为 53.696 U/g·Fw，矮化砧木嫁接苗的 IOD 酶活性最小仅为 37.940 U/g·Fw，矮化砧木苗与普通砧嫁接苗差异不显著；普通砧木及对应嫁接苗的 POD 酶活性较大，分别为 8.539 U/g·Fw 和 8.393 U/g·Fw，而矮化砧的 POD 酶活性最小仅为 5.112 U/g·Fw。

表 10-9　不同类型砧木及嫁接苗酶活性和内源激素含量

编号	IOD (U/g·Fw)	POD (U/g·Fw)	IAA (mg/g·Fw)
1	53.696±2.571a	8.539±0.674a	594.555±33.375c
2	43.224±3.362b	5.112±0.283c	543.314±27.383d
3	43.752±3.424b	8.393±0.515a	615.453±31.114b
4	37.940±1.780c	6.392±0.543b	709.986±20.668a

编号	ABA (mg/g·Fw)	GA (mg/g·Fw)	ZR (mg/g·Fw)
1	418.080±24.677b	194.296±14.662d	60.503±5.337a
2	387.172±32.024d	653.973±30.266b	24.408±2.945d
3	658.385±29.266a	377.591±25.593c	40.138±2.123b
4	403.217±14.642c	682.901±31.289a	31.580±2.620c

不同类型薄壳山核桃叶片中 IAA、ABA、GA、ZR 含量存在显著差异。矮化砧木苗的 IAA 含量较少仅为 543.314mg/g·Fw，但其对应的矮化砧嫁接苗 IAA 含量值最大，为 709.986mg/g·Fw。矮化砧的 ABA 含量和 ZR 含量均小于普通砧木苗，但矮化砧 GA 含量远远大于普通砧木苗，达到 653.973mg/g·Fw。

10.3.2 砧木生理生化特性对嫁接苗生长影响

10.3.2.1 砧木叶绿素含量及光合特性对嫁接苗生长的影响

对薄壳山核桃矮化砧的叶光合特性与矮化砧嫁接苗生长势进行相关性分析可知：矮化砧嫁接苗的苗高与矮化砧叶光合速率、气孔导度叶绿素 a 含量均显著正相关，相关系数达 0.768，0.611 和 0.628，与胞间 CO_2 浓度、蒸腾速率和叶绿素 b 含量负相关，相关性不显著；地径生长与气孔导度和蒸腾速率显著正相关，相关系数达 0.692 和 0.522，而与叶中叶绿素 b 含量显著负相关，相关系数 0.599；节间长度与光合速率显著正相关；叶面积与气孔导度亦具显著正相关（表 10-10）。

表 10-10　矮化砧叶光合特性与矮化砧嫁接苗生长势相关性

矮化砧嫁接苗	矮化砧木苗						
	光合速率	气孔导度	胞间 CO_2 浓度	蒸腾速率	叶绿素 a	叶绿素 b	总叶绿素
苗高	0.768*	0.611*	-0.438	-0.113	0.628*	-0.141	0.066
地径	0.124	0.692*	0.068	0.522*	0.371	-0.599*	0.351
节间长	0.548*	-0.043	-0.3	0.001	-0.335	0.077	-0.215
叶面积	0.372	0.514*	0.017	0.115	0.133	-0.25	0.198

* 表示在 0.05 水平差异显著；** 表示在 0.01 水平差异显著，下同。

综合以上分析可知：矮化砧和普通砧木苗的叶光合特性和叶绿素含量存在差异性，而矮化砧叶光合作用较弱，叶绿素 a 含量较低，叶绿素 b 含量较高，从而导致矮化砧嫁接苗的生长弱于普通砧木苗，表现出矮化性状。

10.3.2.2 砧木酶活性对嫁接苗生长的影响

对矮化砧叶内 IOD 和 POD 酶活性与嫁接苗生长势进行相关性分析可知：矮化砧叶内的 IOD 活性与嫁接苗地径、地径增量、节间长、叶面积呈正相关，其中与节间长相关性显著，相关系数 0.608；与苗高显著负相关，相关系数 0.602；POD 活性除与苗高及增量正相关外，与地径及增量、节间长、叶面积均负相关且相关性不显著（表 10-11）。

表 10-11　矮化砧酶活性与嫁接苗生长势相关性

	苗高	地径	苗高量增	地径增量	节间长	叶面积
IOD	-0.602*	0.424	-0.034	0.285	0.608*	0.169
POD	-0.135	-0.154	-0.279	0.386	-0.128	0.008

10.3.2.3 砧木激素含量对嫁接苗生长的影响

对不同薄壳山核桃矮化砧的叶片内激素含量与矮化砧嫁接苗生长势进行相关性分析可知：矮化砧的 IAA 含量与嫁接苗苗高及其增量正相关，相关性未达显著水平；与地径及增长量、节间长负相关，其中与节间长负相关显著，相关系数 0.617（表 10-12）。

矮化砧的 ABA 含量与嫁接苗苗高显著负相关，相关系数为 0.846；与地径增量、叶面积、节间长正相关，其中与叶面积相关系数达 0.804，相关性极显著。

矮化砧的 GA 含量与嫁接苗的苗高及其增长量、地径增长量、叶面积负相关，与地径、节间长正相关，但均未达显著水平。ZR 含量与地径极显著负相关，相关系数 0.735，与其他指标相关性不明显。

表 10-12　矮化砧激素含量与嫁接苗生长势相关性

	苗高	地径	苗高增量	地径增量	节间长	叶面积
IAA	0.278	-0.401	0.447	-0.166	-0.617*	-0.402
ABA	-0.846**	-0.420	-0.469	0.187	0.212	0.804**
GA	-0.026	0.018	-0.372	-0.395	0.408	-0.150
ZR	0.561	-0.735**	0.403	-0.037	-0.171	-0.213

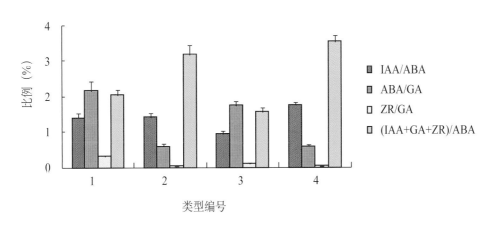

图 10-2　不同类型砧木及嫁接苗内源激素相对含量

由图 10-2 可知，不同类型薄壳山核桃砧木和嫁接苗的内源激素相对含量间存在显著差异性，IAA/ABA 在 0.94～1.76 之间，矮化砧嫁接苗最大为 1.76，普通砧嫁接苗最小为 0.94；ABA/GA 在 0.59～2.17 之间，普通砧木苗最大为 2.17，矮化砧及其嫁接苗均为 0.59；ZR/GA 最大的为普通砧木苗 0.31，最小的是矮化砧为 0.04。
(IAA+GA+ZR)/ABA 最大的为矮化砧嫁接苗 3.54，最小的为普通砧嫁接苗 1.57。
(IAA+GA+ZR)/ABA 为矮化砧及其嫁接苗显著大于普通砧木及嫁接苗。

由表 10-13 可知，矮化砧嫁接苗的苗高与矮化砧 ABA/GA 显著负相关，相关系
数 0.563，与 IAA/ABA、ZR/GA、(IAA+GA+ZR)/ABA 正相关，其中与 ZR/GA 相
关性显著,相关系数 0.591；矮化砧嫁接苗的地径生长量与砧木中 ABA/GA 显著负相关，
相关系数达 0.725，与 (IAA+GA+ZR)/ABA 显著正相关。节间长度与 IAA/ABA、
ABA/GA、ZR/GA 均负相关，但未达显著水平，叶面积与 ABA/GA 相关系数 0.545，
相关性显著。

表 10-13　矮化砧内源激素相对含量与嫁接苗生长势相关性

	IAA/ABA	ABA/GA	ZR/GA	(IAA+GA+ZR)/ABA
苗高增量	0.334	-0.563*	0.591*	0.421
地径增量	-0.308	-0.725*	0.363	0.587*
节间长	-0.177	-0.348	-0.459	0.011
叶面积	-0.376	0.545*	0.463	-0.427

综合以上可知：薄壳山核桃不同内源激素的含量及比例对植株矮化有着显著的影
响，尤其是 ABA 含量的影响尤为显著，ABA 含量越高植株的矮化特征越明显。ABA
作为一种较强的生长抑制剂，对细胞的分裂及伸长起抑制作用，进而抑制整株植株的
生长，是植株矮化的重要影响因子。

10.4　结论与讨论

10.4.1　结论

不同类型砧木及其嫁接苗的生长势存在显著的差异性，不同类型的砧木与对应嫁
接苗的生长趋势保持一致，说明嫁接苗的生长受到砧木的显著影响。通过对比薄壳山
核桃不同类型砧木和嫁接苗的植株生长量可知，矮化砧及嫁接苗的年生长量显著低于
普通砧及其嫁接苗。

对薄壳山核桃不同类型砧木和嫁接苗的根、茎、叶解剖结构进行观测的结果表明：
普通砧木根的解剖结构与矮化砧的差异性显著。植株的根部解剖结构与植株的生长势
间密切相关,矮化砧嫁接苗的苗高增长量与砧木根材部比例及导管密度呈显著正相关。

植株的生长势与皮部、材部的绝对面积相关性不大，与皮部、材部占横断面的比例相关性显著。植株的矮化程度受木质部面积、皮部面积占横断面的比例影响较大。

矮化砧与普通砧木的茎解剖结构差异较大，矮化砧的茎材皮比及导管密度均小于普通砧木苗。普通砧嫁接苗的苗高、地径等生长量与砧木茎解剖结构相关性不明显。矮化砧茎的材皮比及导管密度对矮化砧嫁接苗的生长有显著相关，砧木茎的皮部比例越大，嫁接苗越趋于矮化。

矮化砧与普通砧木的叶结构相比，栅栏组织占叶片总厚度的比例较低。矮化砧嫁接苗的苗高受到矮化砧叶栅海比的显著影响，栅海比越大，嫁接苗矮化越显著。矮化砧叶的叶绿素含量及光合速率均小于普通砧木苗，矮化砧木叶的较弱的光合作用及叶绿素 a 含量，是导致矮化的主要原因。

矮化砧 IOD 活性与苗高生长显著负相关，与节间长度显著正相关；POD 活性对植株当年生长量负相关，但影响效果不明显。

矮化砧的 IAA 含量对节间长的增长具有抑制作用，ABA 含量对植株苗高的抑制作用明显，而 ZR 含量高不利于植株地径的增长。矮化砧的苗高、地径均与 ABA/GA 显著负相关，ABA/GA 值越高，植株越趋于矮化。

10.4.2 讨论

10.4.2.1 植物根茎叶解剖结构与生长的相关

植物根系及茎段是植株生长发育的重要器官，而木质则主要负责树体水分的运输，有学者指出植株矮化是由于树体水分运输受阻，亦对溶解于其中矿质营养的吸收与运输造成影响，进而影响植株的生长。张谷雄对柑橘矮化砧木组织的解剖结构研究认为，原因是皮层越发达，有机物质传输消耗得多而快，木质部比例低、导管密度较小，限制水分的吸收和运输，进而制约了植株的营养生长。因此，矮化砧比乔化砧的地上部分积累了更多的营养物质，这有利于花芽的分化和形成，能使果树提早结果，但生殖生长又制约了树体的营养生长。本实验研究发现实生苗材皮比越大，导管密度越大，对植株的生长越有利，苗高增长量越大，与对柑橘砧木的枝条解剖研究结果一致。

叶片是植物进行光合作用的场所，植物通过光合作用利用光能经过一系列复杂的反应将 CO_2 和水转化为贮存了能量的有机物。植株生长发育过程中所需的大量能量都可由光合作用获得，植物光合作用的强弱跟植株生长显著相关。本次试验研究发现砧木嫁接苗地径的增长与上表皮厚度及海绵组织厚度有显著相关性，而嫁接苗生长势与叶结构相关性不明显。这与王中英的研究结果有相似之处，他对苹果砧木叶片的研究发现海绵组织比例对苹果砧的生长有正向促进作用，但同时他发现苹果砧叶片的上下表皮与植株生长无显著相关性。张玉兰对山楂树的叶结构研究也指出，生长势与栅栏组织厚度、叶片厚度和栅海比有显著负相关性，与其他指标无明显相关。

10.4.2.2 植株生理生化特性与树体结构的关系

本研究发现 IOD 酶、POD 酶活性越高，植株矮化效果越明显。此 2 种酶广泛存在于植物体内，其活性大小直接影响 IAA 的代谢与分布，而 IAA 含量的多少控制着植物的生长发育，IOD 酶的作用是直接将 IAA 氧化，使其失去生理活性，抑制树体的生长，高水平的 IOD 酶和 POD 酶加强了对内源激素 IAA 的氧化分解，减轻了对生长的刺激，使植物表现矮化。LOCKARD 等认为矮化砧的枝皮具有较强的破坏 IAA 的能力，减少了地上部向下运输的 IAA 而导致树体矮化。陈长兰在梨树上的研究也证明了这一点。POD 酶也是一种与生长有关的酶，高水平的 POD 酶也可将 IAA 氧化，同时加速了木质化进程，使细胞停长，由此使树体表现矮化。

果树的树体大小受到激素的明显控制。IAA 和 GA3 通过不同的调节途径对生长有直接的促进作用，GA3 的作用以 IAA 的变化为前提，可以提高 IAA 的活性。ABA 可以促进器官的停长、休眠、衰老，并可引起气孔关闭，其生理功能与 GA3 相拮抗。本次试验发现实生苗植株苗高的生长与 ABA 含量显著负相关，地径增长与 ZR 含量显著负相关；而嫁接苗的苗高生长与 ABA 含量相关性不明显，但与 ZR 含量显著性正相关。因为 ABA 可以显著提高 IOD 酶活性，减轻 IAA 刺激植株生长的作用，所以高含量的 ABA 有利于植株的矮化。GA 具有促进茎、叶延长生长的作用，还可以影响 IAA 的活性，果树树体的大小与 GA 的含量以及 GA 的信号传导密切相关。张志华等的试验结果表明，核桃实生苗的 GA3 含量（尤其是根部）与树体生长势显著正相关。

聂华堂的研究也证实，POD 酶能够促进 IAA 氧化和木质化进程，其活性与枝长、节间长呈显著负相关。赵家禄用 POD 酶活性预选苹果矮砧、李文斌和胡国谦对柑橘的矮化性能鉴定、欧毅对锦橙的研究、赵大中对柑橘的研究都证明 POD 酶活性与树体矮化呈显著正相关。

10.4.2.3 矮化砧的矮化机制

矮化砧嫁接后，由于砧木和嫁接苗的解剖结构间的差异性，限制了地下部分水分和矿物质向地上部分的运输；同时地上部分光合产物亦不能及时的运输至地下部分，阻碍了根系的发育和成长，使植株的生长发育严重受阻，因此嫁接苗的生长低于普通砧木类型嫁接苗的生长，而表现出矮化特征。李海燕等对'华红'苹果树的矮化中间砧对嫁接苗影响研究发现：矮化砧嫁接苗树体高度、新梢生长量分别与叶片 POD 活性及 IOD 活性呈显著或极显著负相关，与叶片净光合速率呈显著或极显著正相关，与叶片可溶性糖含量均成极显著负相关。由此认为，矮化中间砧可能增强了华红树体叶片 POD、IOD 活性，使树体生长势减缓，同时叶片碳水化合物累积，使光合速率下降，最终导致树体矮化。郭静等通过不同中间砧对苹果树体生长的影响研究发现：

不同中间砧'红富士'苹果叶片中 POD 活性差异较大且与树体生长势呈显著或极显著负相关，这说明中间砧通过影响嫁接树 POD 活性的大小，从而抑制了树体生长，使树体矮化。高青海等对番茄根系的矮化机理研究认为，矮化砧木自身的根系活性较弱，砧木嫁接后不仅进一步降低了根系吸收能力，而且还降低了嫁接苗叶片的氮代谢水平，从而影响到地上部的生长发育，表现出矮化特征。佟金权对光皮树不同砧木类型的解剖及生理生化特性与嫁接苗的生长特性进行分析，并对矮化资源预选指标进行初选和分析，并用综合评价矮化影响因子权重，构建了综合评价模型认为地径、叶面积、导管密度、皮部面积、髓部面积、栅栏组织、海绵组织、栅/海比、光合作用速率、气孔导度、胞间 CO_2 浓度、气孔密度、叶绿素 a、过氧化物酶、IAA+GA+ZR/ABA 等指标对植株矮化的影响较为明显。

第11章

薄壳山核桃芽苗砧嫁接技术

芽苗砧嫁接是用未展叶或展叶尚未木质化的幼嫩芽苗作砧木，嫁接胚芽、嫩枝或成熟枝条的一项新嫁接方法。具有能加快良种繁育速度、成活率高、遗传增益较高等独特优点，因此其在良种快繁方面具有重要意义。目前国内芽苗砧嫁接技术应用和研究主要集中在油茶（*Camellia oleifera*）、板栗（*Castanea mollissima*）、核桃（*Juglans regia*）等植物上，关于薄壳山核桃芽苗砧嫁接方面的研究鲜见报道。因此，笔者选择4个薄壳山核桃品种接穗于5个时间点进行芽苗砧嫁接，研究薄壳山核桃芽砧嫁接苗新梢萌发生长动态，不同嫁接时间对薄壳山核桃芽砧嫁接成活率的影响，以期为薄壳山核桃芽苗砧嫁接育苗提供理论依据。

11.1 不同品种薄壳山核桃接穗芽砧嫁接苗接芽萌发动态

薄壳山核桃芽苗砧嫁接技术流程如图 11-1 所示。主要关键技术包括：以催芽萌发的种子作砧木，采用腊封贮藏的优良品种木质化枝条作接穗，枝接后进行容器移栽，加强栽后管理。

不同品种接穗嫁接后的萌发过程存在明显的差异。如由表 11-1，嫁接后第 15天，不同接穗芽砧嫁接苗均以未萌动数量居多，其中‘Caddo’占的比例最大；‘Stuart’‘Choctaw’和‘Desirable’萌动比例相对较大，说明此时这 3 个品种接穗芽砧嫁接苗已经成活并生长，且均较‘Caddo’容易成活；4 个品种接穗芽砧嫁接苗在此时都已开始萌芽、露芽，其中‘Desirable’最多。此时均还未展叶。

嫁接后第 20 天，‘Caddo’未萌动的比例仍然最高，说明‘Caddo’生长较慢；4个品种接穗芽砧嫁接苗占的萌芽比例均较高，表明在此期间它们开始大量萌芽，其中露芽和展叶比例大小顺序为‘Desirable’＞‘Choctaw’＞‘Stuart’＞‘Caddo’，说明‘Desirable’接芽萌发最快，‘Caddo’最慢。

嫁接后第 25 天，4 个品种接穗芽砧嫁接苗死亡比例相对较高，未萌动比例较小，

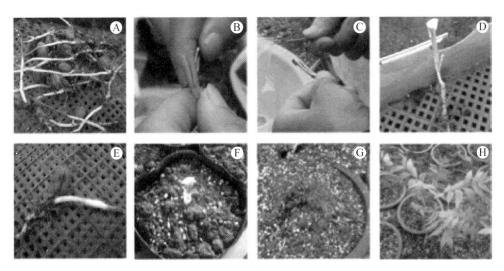

图 11-1　薄壳山核桃芽苗砧嫁接技术流程

A. 以刚催芽萌发的种子为砧木；B. 削砧木；C. 削接穗；D. 将接穗与砧木对接；E. 包扎；F. 容器移栽；G. 嫁接 45 天的生长情况；H. 嫁接 65 天的生长情况

说明此时未萌发就死亡的芽砧嫁接苗已较容易发现，且'Stuart'的死亡率最高；各品种接穗芽砧嫁接苗展叶比例为'Choctaw'＞'Desirable'＞'Caddo'＞'Stuart'，其中'Choctaw'和'Desirable'接芽比例相差较小；4 个品种接穗芽砧嫁接苗展 3 叶、展 4 叶、展 5 叶比例最高，而露芽比例相差不大，说明此时各品种接穗芽砧嫁接苗尚未展叶完全。整体来说，该时期'Choctaw'接芽萌发生长最快，'Desirable'次之，然后是'Caddo'，'Stuart'最慢。

表 11-1　不同品种薄壳山核桃接穗芽苗砧嫁接后接芽萌发情况

接穗	嫁接后天数（d）	标准比例（%）										
		0	1	2	3	4	5	6	7	8	9	*
S	15	58.0	16.0	11.3	4.0	–	–	–	–	–	–	10.7
	20	22.0	14.7	24.0	12.7	2.7	4.0	3.3	1.3	0.7	–	14.7
	25	2.0	2.7	12.0	8.0	4.7	5.3	8.0	10.7	5.3	3.3	38.0
K	15	76.7	9.3	4.7	0.7	–	–	–	–	–	–	8.7
	20	29.3	14.0	24.0	6.0	3.3	2.0		0.7			20.7

（续）

接穗	嫁接后天数（d）	标准比例（%）										
		0	1	2	3	4	5	6	7	8	9	*
	25	2.7	4.0	12.7	6.7	4.7	5.3	9.3	15.3	6.7	0.7	32.0
Q	15	71.8	17.9	3.8	1.3	—	—	—	—	—	—	5.1
	20	11.5	16.7	26.9	19.2	7.7	3.8	3.8	2.6	—	—	7.7
	25	2.6	3.8	5.1	9.0	3.8	9.0	16.7	15.4	14.1	2.6	17.9
D	15	42.0	19.3	24.7	7.3	—	—	—	—	—	—	6.7
	20	12.7	8.0	24.7	17.3	5.3	8.7	6.7	4.7	2.0	—	10.0
	25	1.3	1.3	8.0	6.0	8.0	10.0	14.0	18.7	10.7	7.3	14.7

"-"表示没有出现。

11.2 嫁接时间对不同品种薄壳山核桃接穗芽砧嫁接苗成活率的影响

由表 11-2 可知，不同接穗薄壳山核桃芽砧嫁接苗在 4 月 25 日和 27 日的嫁接成活率最高。其中 4 月 25 日嫁接的'Caddo'成活率最高，达到 82.9%，其次是 4 月 27 日嫁接的'Choctaw'，为 82.1%，而 4 月 18 日嫁接的'Choctaw'和 5 月 10 日嫁接的'Caddo'成活率只有 25.8% 和 18.6%。4 月 25 日嫁接的'Caddo'和 5 月 2 日嫁接的'Desirable'成活率和'Stuart'差距不是很大，分别是 67.3% 和 64.7%。

表 11-2　嫁接时间对不同品种薄壳山核桃接穗芽砧嫁接苗成活率的影响

接穗	嫁接时间	嫁接总数（个）	成活个数（个）	成活率（%）
S	4月25日	207	121	58.5
Q	4月18日	31	8	25.8
	4月25日	78	64	82.1
K	4月25日	153	103	67.3
	5月10日	97	18	18.6
D	4月27日	293	243	82.9
	5月2日	68	44	64.7

11.3 不同品种薄壳山核桃接穗芽砧嫁接苗生长特性的差异

由图 11-2 可知,嫁接后第 25 天,'Caddo'和'Choctaw'差距不大且均小于'Stuart'和'Desirable';自嫁接后第 30 天开始,'Caddo'新梢最高且一直保持到嫁接后第 55 天, 之后同样保持稳定增长;'Choctaw'在嫁接后第 70 天开始超越其他品种持续增长至 160 天时达到 55.04cm,分别是此阶段'Stuart'的 1.9 倍、'Caddo'的 1.1 倍、'Desirable'的 2.5 倍;'Stuart'和'Desirable'在嫁接后第 100~160 天内缓慢增长;'Stuart'、'Caddo'和'Choctaw' 3 个品种接穗芽砧嫁接苗新梢生长高峰期均在嫁接后第 70~100 天, 生长增量分别为 8.18cm、17.48cm、18.74cm,而'Desirable'生长高峰位于第 55~70 天,生长增量仅为 4.19cm。

自嫁接后第 40 天开始,'Desirable'芽砧嫁接苗新梢粗度始终处于最高水平,至嫁接后第 160 天时达到 10.79mm,分别比'Stuart''Caddo''Choctaw'高 11.2%、8.4%

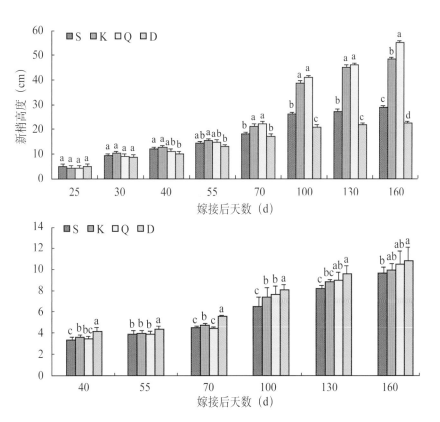

图 11-2　不同品种薄壳山核桃接穗芽砧嫁接苗新梢生长的差异

图中误差线上不同字母表示存在显著差异

和 3.6%；4 个品种接穗芽砧嫁接苗在嫁接后第 40～70 天内缓慢增长，其后均在嫁接后第 70～100 天茎粗生长达到最高峰，生长增量分别为 1.97mm、2.66mm、3.18mm 和 2.44mm。

11.4 结论与讨论

对不同品种薄壳山核桃接穗芽砧嫁接苗的萌发动态调查表明，嫁接后第 15 天，各品种接穗芽砧嫁接苗就都已开始萌芽、露芽；嫁接后第 20 天各品种接穗芽砧嫁接苗开始大量萌芽；嫁接后第 25 天，可较容易发现未萌发就死亡的芽砧嫁接苗，可为确定薄壳山核桃芽苗砧嫁接成活率的统计时间作参考。从总体来看，在不同品种美国山核桃接穗嫁接幼苗生长前期的萌发阶段，'Choctaw' 和 'Desirable' 接芽成活和生长最快。

对不同接穗薄壳山核桃芽砧嫁接苗成活率的调查表明，接穗不同、嫁接时间不同对薄壳山核桃芽砧嫁接苗成活率影响较大。影响嫁接成活率的因素主要有砧木与接穗的亲和力、砧木与接穗的生长状态及树种特性、愈合的环境条件以及嫁接技术，本试验后两个条件基本相同。由于选取的薄壳山核桃接穗品种不同，导致 4 个品种接穗芽砧嫁接苗在解剖结构、生理特性以及新陈代谢等方面的差异，从而影响嫁接亲和力。芽苗砧嫁接在芽苗砧和穗条未木质化前嫁接成活率最高，且不同树种不同嫁接时间芽苗砧嫁接成活率不一样。油茶芽苗砧嫁接的最佳时间段在 5 月上中旬，5 月下旬嫁接成活率逐渐降低。江德安研究发现 4 月 10 号芽苗砧嫁接的银杏成活率达到 90% 以上。本试验结果得出薄壳山核桃芽苗砧嫁接成活率在 4 月 25 至 27 日内最高。4 月上中旬芽苗砧嫁接成活率低可能是温度太低，影响嫁接口愈合，而 5 月上旬成活率低可能是穗条和芽苗砧木质化程度高，嫁接口难愈合。另外砧木粗细不完全一致，所采接穗以及同一接穗上不同部位的芽的生活力存在一定差异，这些对嫁接成活率也有一定的影响，但其真实原因还需进一步试验研究。因时间和其他条件的限制，本研究只选择了 4 个薄壳山核桃品种接穗于 5 个时间点嫁接，但关于薄壳山核桃芽砧嫁接的具体适宜时间还需试验进一步研究确定。

对不同接穗薄壳山核桃芽砧嫁接苗的新梢生长特性调查分析表明，不同接穗美国山核桃芽砧嫁接苗新梢高和粗生长差异显著。新梢高度最大可达到 55.04cm，是最小值的 2.5 倍；新梢茎粗最大可达到 10.79mm，比最小值高 11.2%。

第12章

薄壳山核桃方块芽接技术

　　方块芽接是目前生产上培育薄壳山核桃嫁接苗的最主要嫁接方法，本研究采用裂区试验设计，以 2 年生实生苗作砧木，研究不同嫁接时期、伤流口处理、不同芽段及不同芽片长度对薄壳山核桃嫁接成活率及苗木生长的影响，以期为薄壳山核桃的嫁接生产提供实践经验及技术指导，进而为薄壳山核桃的产业化发展奠定基础。

12.1 环境因子对嫁接成活率的影响

　　试验所在地句容市 2015 年 7~10 月日平均温度、最高温度、最低温度和相对湿度 4 个气象因子的数据如图 12-1 所示。7~10 月的日平均温度变化范围为 13.3~32.3℃，最高温度为 17.5~37.3℃，最低温度为 8.1~26.9℃。其中，7 月下旬至 8 月中旬平均温度最高，为 27.3~32.3℃，10 月下旬平均温度最低，为 13.3~15.6℃，平均温度在 8 月上旬后呈下降趋势；最低温度出现在 10 月上旬（8.1℃），最高温度出现在 8 月上旬（37.3℃）；7 月下旬至 8 月上旬及 10 月上旬到 10 月下旬温差最大。相对湿度在 53%~99% 内变化，相对湿度最低值出现在 10 月下旬（53%），最高值出现在 10 月上旬（99%），最大值与最小值差值高达 40%。

　　采用嫁接前 1~5 天和嫁接后 1~3 天、4~6 天、7~9 天、10~12 天、13~15 天、16~18 天、19~21 天、22~24 天、25~27 天、28~30 天共 11 个时间段，分别计算每个嫁接时期的各时间段的日均温、最高温度、最低温度、相对湿度和有效积温共 5 个气象因子，将 8 个时期嫁接成活率作为因变量对 11×5 共 55 个气象因子进行逐步回归。逐步回归的方差分析结果表明，回归模型整体解释变异量达到极显著水平（$P < 0.01$），所建立的回归方程有效，嫁接前 1~5 天的平均相对湿度和嫁接后 13~15 天的平均相对湿度与嫁接成活率呈线性关系。由表 12-1 可看出，嫁接前 1~5 天的平均相对湿度（x_1）与嫁接成活率之间存在极显著线性关系（$P < 0.01$），嫁接后 13~15 天的平均相对湿度（x_2）与嫁接成活率存在显著性线性关系（$P < 0.05$）。从表 12-2 中可得，

x_1 系数为 0.027，x_2 系数为 0.014，常量为 -0.859，因此可得嫁接成活率 y 的线性回归方程为：$y = -2.859 + 0.027x_1 + 0.014x_2$。

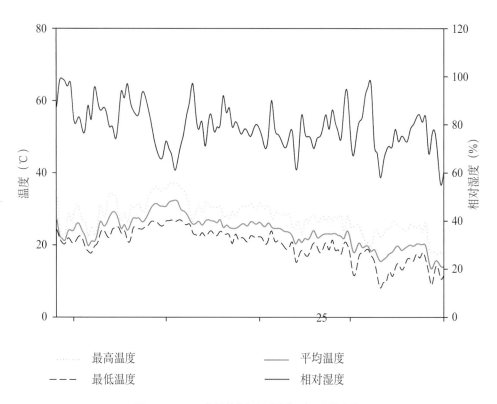

图 12-1　2015 年嫁接期间温度和相对湿度的变化

表 12-1　逐步回归的方差分析

	平方和	自由度	均方	F	显著性
回归	0.251	2	0.126	16.513	0.006
残差	0.038	5	0.008		
总计	0.289	7			

预测变量为常量、嫁接前 1~5 天的平均相对湿度和嫁接后 13~15 天的平均相对湿度。

表 12-2　逐步回归方程系数

	非标准化系数		标准化系数	t	显著性
	B	标准误	β		
常量	-2.859	0.599		-4.770	0.005
x_1	0.027	0.005	0.902	5.408	0.003
x_2	0.014	0.005	0.529	3.167	0.025

x_1 为嫁接前 1~5 天的平均相对湿度、x_2 为嫁接后 13~15 天的平均相对湿度。

12.2　嫁接时期对嫁接成活率的影响

　　不同时期和品种对薄壳山核桃嫁接成活率影响的方差分析结果表明，不同时期、不同品种及品种 × 时期对嫁接成活率的影响均极为显著（$P < 0.01$）（表 12-3）。区组对嫁接成活率无显著影响，说明不同区组的土壤及其他环境条件较均匀一致，对薄壳山核桃嫁接成活率无显著影响。

表 12-3　嫁接时期和品种对嫁接成活率影响的方差分析

	变异来源	III 类平方和	自由度	均方	F
	区组	392.188	3	130.729	1.033
主区	品种	5076.563	1	5076.563	40.111**
	错误	379.688	3	126.562b	
	时期	21798.438	7	3114.063	40.832**
副区	品种×时期	3535.938	7	505.134	6.623**
	错误	3203.125	42	76.265c	

* 表示在 $P < 0.05$ 水平显著，** 表示在 $P < 0.01$ 水平显著。下同。

不同嫁接时期和品种接穗嫁接成活率的多重比较表明，7月10日成活率最高，为65%，显著高于其余嫁接时期的成活率（$P < 0.05$）（表12-4）。8月15日、8月24日和7月21日的嫁接成活率依次为52.5%、45%和42.5%，9月9日、8月31日和9月20日的成活率之间无显著差异，分别为26.25%、20%和17.5%，均低于30%。8月2日成活率最低，仅为7.5%，显著低于其他7个时期的成活率（$P < 0.05$）。两个品种的嫁接成活率中，'Pawnee'成活率较高，为43.44%，显著高于'Jinhua'的成活率（25.63%）（$P < 0.05$）。

表12-4 不同嫁接时期和品种接穗嫁接成活率的多重比较

处理		嫁接成活率（%）	5% 显著水平
时期	7.10	65.00	a
	7.21	42.50	c
	8.2	7.50	e
	8.15	52.50	b
	8.24	45.00	bc
	8.31	20.00	d
	9.9	26.25	d
	9.20	17.50	d
品种	Pawnee	43.44	a
	Jinhua	25.63	b

12.3 伤流口处理对嫁接成活率的影响

不同伤流口处理和嫁接时期对波尼和金华接穗嫁接成活率影响的方差分析结果分别见表12-5和表12-6。由表可知，伤流口处理对'Pawnee'和'Jinhua'接穗嫁接成活率影响的显著性不同，其对'Pawnee'成活率的影响不显著，而对'Jinhua'的成活率呈极显著的影响（$P < 0.01$）。不同的嫁接时期对'Pawnee'和'Jinhua'接穗的嫁接成活率均有极显著的影响（$P < 0.01$），而伤流口处理和嫁接时期对两个品种嫁接成活率的交互作用均不显著。整体上，各因素对两品种接穗的嫁接成活率的影响和对嫁接成活率的影响相似。

表 12-5　不同伤流口处理和嫁接时期对嫁接成活率影响的方差分析（'Pawnee'）

变异来源		III 类平方和	自由度	均方	F
主区	区组	212.500	3	70.833	1.417
	时期	19733.333	2	9866.667	197.333**
	错误	300.000	6	50.000	
副区	伤流口处理	104.167	1	104.167	1.027
	时期×伤流口处理	133.333	2	66.667	0.658
	错误	912.500	9	101.389	

表 12-6　不同伤流口处理和嫁接时期对嫁接成活率影响的方差分析（'Jinhua'）

变异来源		III 类平方和	自由度	均方	F
主区	区组	350.000	3	116.667	2.154
	时期	4508.333	2	2254.167	41.615**
	错误	325.000	6	54.167	
副区	伤流口处理	1350.000	1	1350.000	13.886**
	时期×伤流口处理	775.000	2	387.500	3.986
	错误	875.000	9	97.222	

　　不同伤流口处理和嫁接时期'Pawnee'和'Jinhua'成活率的多重比较结果（表 12-7 和表 12-8）表明，从 7 月 10 日到 8 月 2 日，'Pawnee'和'Jinhua'的成活率均呈下降趋势，其中'Pawnee'成活率呈显著降低趋势，Jinhua'在 8 月 2 日嫁接的成活率为 0，显著低于其他两个嫁接时期的成活率。研究同时表明，嫁接时留取伤流口使两品种嫁接成活率均有提高，其中对'Jinhua'成活率有显著提高。

表 12-7　不同伤流口处理和嫁接时期成活率的多重比较（'Pawnee'）

处理		嫁接成活率（%）	5% 显著水平
时期	7.10	81.25	a
	7.21	51.25	b
	8.2	11.25	c
伤流口处理	伤流口	50.00	a
	不留伤流口	45.83	a

表 12-8　不同伤流口处理和嫁接时期成活率的多重比较（'Jinhua'）

处理		嫁接成活率（%）	5% 显著水平
时期	7.10	31.25	a
	7.21	26.25	a
	8.2	0	b
伤流口处理	伤流口	26.67	a
	不留伤流口	11.67	b

12.4　芽段部位对嫁接成活率的影响

芽段和嫁接时期对嫁接成活率影响的方差分析结果表明，不同芽段对嫁接成活率有显著影响（$P < 0.05$），不同嫁接时期对成活率有极显著的影响（$P < 0.01$），时期和芽段对嫁接成活率的交互作用极为显著（$P < 0.01$）（表 12-9）。不同芽段和嫁接时期成活率的多重比较结果如表 12-10 所示，由表 12-10 可知，中段芽的嫁接成活率最高，为 41.67%，上段芽次之（36.67%），下段芽最低（32.50%），显著低于上段芽的嫁接成活率。嫁接时期从 8 月 15 日到 8 月 31 日，其成活率呈显著降低的趋势，分别为 58.33%、38.33% 和 14.17%。

表 12-9　芽段和嫁接时期对嫁接成活率影响的方差分析

	变异来源	III 类平方和	自由度	均方	F
主区	区组	119.444	3	39.815	0.159
	时期	11738.889	2	5869.444	23.391**
	错误	1505.556	6	250.926	
副区	芽段	505.556	2	252.778	3.792*
	时期×芽段	3894.444	4	973.611	14.604**
	错误	1200.000	18	66.667	

表 12-10　不同芽段和嫁接时期成活率的多重比较

	处理	嫁接成活率（%）	5% 显著水平
芽段	上	36.67	ab
	中	41.67	a
	下	32.50	b
时期	8.15	58.33	a
	8.24	38.33	b
	8.31	14.17	c

12.5　芽片长度对嫁接成活率的影响

芽片长度和嫁接时期对嫁接成活率影响的方差分析结果表明（表 12-11），不同芽片长度对嫁接成活率有显著的影响（$P < 0.05$），不同嫁接时期对嫁接成活率有极显著的影响（$P < 0.01$），嫁接时期和芽片长度对嫁接成活率有极显著的交互作用（$P < 0.01$）。不同芽片长度和嫁接时期成活率的多重比较结果如表 12-12 所示，从表可知，4.0 cm 芽片长度嫁接成活率最高（42.5%），3.0 cm 的成活率次之，为 36.25%，其余四个芽片长度的成活率按高低依次为 2.0 cm（32.5%）、1.5 cm（31.25%）、2.5 cm（30%）和 3.5

cm（30%），这四个处理的成活率均显著低于 4.0 cm 的成活率。由表 12-12 同时可得，9 月 9 日嫁接的成活率（47.08%）显著高于 9 月 2 日嫁接的成活率（20.42%）。

表 12-11　芽片长度和嫁接时期对嫁接成活率影响的方差分析

变异来源		III 类平方和	自由度	均方	F
主区	区组	158.333	3	52.778	0.475
	时期	8533.333	1	8533.333	76.800**
	错误	333.333	3	111.111	
副区	芽长	950.000	5	190.000	2.838*
	时期 × 芽长	5341.667	5	1068.333	15.959**
	错误	2008.333	30	66.944	

表 12-12　不同芽片长度和嫁接时期成活率的多重比较

处理		嫁接成活率（%）	5% 显著水平
芽片长度（cm）	1.5	31.25	b
	2.0	32.50	b
	2.5	30.00	b
	3.0	36.25	ab
	3.5	30.00	b
	4.0	42.50	a
时期	9.2	20.42	a
	9.9	47.08	b

12.6　结论与讨论

不同嫁接时期对薄壳山核桃嫁接成活率有极为显著的影响，7 月 10 日嫁接成活率显著高于其他嫁接时期。在各气象因子中，嫁接前 1～5 天的平均相对湿度与嫁接成活率均呈显著的正相关线性关系，'Pawnee'的成活率显著高于'Jinhua'。伤流口处理对'Jinhua'的嫁接成活率有显著或极显著影响，而对'Pawnee'的嫁接成活率无显著影响，但留取伤流口均能提高两个品种的嫁接成活率。不同芽段嫁接对薄壳山核桃嫁接成活率有显著影响，中段芽嫁接的成活率最大，上段和下段芽次之。不同长度芽片嫁接对薄壳山核桃嫁接成活率有显著影响，4.0 cm长度芽的嫁接成活率最高，为42.5%。

核桃、黄连木（*Pistacia chinensis*）、锥栗（*Castanea henryi*）等诸多树种上均进行过不同嫁接时期对成活率影响的试验，研究结果同时表明，嫁接时期是影响成活率的一个非常重要的因素。本研究结果表明，不同嫁接时期对薄壳山核桃成活率有极显著影响（$P < 0.01$），其中7月10日嫁接的成活率最高（65%），8月2日嫁接成活率最低（7.5%）。翟敏等研究了南京地区6月12日到10月7日共11个嫁接时期对薄壳山核桃芽接成活率的影响，研究发现，8月初到9月初嫁接成活率较高，最高近90%，这与本试验的研究结果有一定差异。这可能和不同地区及不同年份嫁接时期气候条件的不同有关。刘湘林等就核桃芽接成活率和气象因子的相关性进行了探讨，研究表明，嫁接前1~5天和嫁接后1~3天的气候条件（温度和降雨量）对核桃芽接成活率最为重要，嫁接12天以后气象因子对成活率无显著影响；吴丽华等对油茶（*Camellia oleifera*）嫁接成活率和气象因子的关系进行了灰色关联度分析，结果表明，与苗木嫁接成活率关联度较大的为平均气温。本研究对嫁接成活率和气象因子的逐步线性回归结果表明，嫁接前1~5天和嫁接后13~15天的平均相对湿度与嫁接成活率呈显著或极显著线性关系，说明相对湿度能够显著地影响薄壳山核桃嫁接成活率，这与前述研究结果有所差异。但是Karadeniz对核桃的研究结果表明，发现相对湿度和嫁接成活率呈显著的正相关关系，和本研究的研究一致。此外，本研究和刘湘林等的研究结果同时显示，嫁接前1~5天的气象因子对嫁接成活率影响较大，这与我们一般认为的嫁接后1~10天的气候条件最为重要的结论不一致，可能是因为形成层的活跃具有滞后性，前几天的气候条件因此会影响后几天形成层的活跃程度，进而影响嫁接的成活率。

接穗的质量是影响嫁接成活率的重要因素，接穗的鲜活度、保水能力及发育程度均能影响成活率的高低。本研究结果表明，'Pawnee'的嫁接成活率显著高于'Jinhua'，这和两品种在生产中表现的嫁接成活率差异相一致。仅通过外观观察可发现，相对于国外优良品种'Pawnee'，'Jinhua'穗条的皮部较薄，切取的芽片也相对较薄，因此推测'Jinhua'成活率较低的原因可能和其接穗容易失水有关，不过根据前人相关研究接穗内酚类、生长素等物质也可能会影响嫁接的成活，因此具体的原因还有待进一步的研究。在嫁接之后、砧木和接穗输导组织连接之前，砧木和接穗之间缺少物质交流的通道，生命活动所需的养分只能依靠自身提供，因此接穗应该选择粗壮、半木质化及发育程度较完全的穗条。本研究将穗条分为上、中、下三段研究其对嫁接成活率的影响，发现不同芽段对嫁接成活率有显著影响，中段成活率最大，上段和下段次之，这和翟敏等对薄壳山核桃的研究结果一致。此外，薛天贵等对辛夷（*Magnolia liliiflora*）的嫁接试验结果表明，在各种嫁接方法中，枝条下部弱芽段的成活率较低，这和本研究结果相似。穗条中部芽段上的芽较健康饱满、生长势较强可能是其嫁接成活率较高的原因。此外，本研究就不同芽片长度对薄壳山核桃嫁接成活率的影响进行了探讨，结果显示，不同芽片长度对嫁接成活率有显著的影响，其中 4.0 cm（最大芽长梯度）长度芽的嫁接成活率最大（42.5%）。于艳萍对核桃嫁接试验的研究结果表明，大的芽片（3.5 cm × 3.5 cm）比 2 cm × 2 cm 芽片嫁接成活率高，这和本研究结果相似，说明较大的芽片有利于提高嫁接成活率。这可能是因为芽片越大，其内侧的形成层面积就越大，嫁接口就越容易愈合，若芽片较小，则不利于接口的愈合，且较易失水导致嫁接不成活。

伤流是许多树种普遍存在的一种现象，是影响核桃、薄壳山核桃等树种上嫁接成活的重要因素。接口处如有伤流存在，会严重影响核桃嫁接口愈伤组织形成，进而限制嫁接的成活。如何最大程度地减少伤流将成为提高嫁接成活率的重要研究内容，目前在一些树种的嫁接中，采用切取伤流口的方式是一个非常流行的措施，它能及时将伤流液排出，减少伤流对嫁接成活的影响。本研究即采用留取伤流口和不留伤流口两种处理进行嫁接，探讨伤流口对嫁接成活的影响，试验结果表明，留取伤流口能提高'Pawnee'和'Jinhua'的嫁接成活率，其中对'Jinhua'嫁接成活率的影响是显著的。因此，在薄壳山核桃苗木嫁接繁殖中，可切取伤流口以提高嫁接成活率。

第13章

薄壳山核桃微体嫁接技术

微嫁接是一种在试管内进行操作的嫁接技术，是嫁接技术与组培技术的有效结合。微嫁接包括茎尖嫁接、微枝嫁接、愈伤组织嫁接和细胞嫁接。20世纪70年代，Nilima等对薄壳山核桃'Desirable'和'Cape Fear'2个品种在试管中播种获得无菌苗的带芽茎段，进而进行诱导芽分化试验，完成了芽的增殖和生根，并获得了能实地栽培的组培苗。苗玉清等对薄壳山核桃组织培养与快速繁殖进行了研究，筛选出了适合组织培养与快速繁殖的最适启动培养基、增殖培养基、壮芽培养基以及生根培养基。董筱均等以薄壳山核桃实生幼苗具腋芽茎段为外植体进行试管离体培养，成功诱导了不定芽的发生并进行了芽苗增殖。傅玉兰等开展了薄壳山核桃外植体消毒灭菌及茎段诱导等相关技术的研究。但并未突破关键技术来实现扩繁体系。而目前，微体嫁接技术已广泛应用于其他果树等的研究与生产之中，如苹果、柑橘、开心果等。微体嫁接技术所拥有的低成本，高成活率，占地面积小，可有效人为操控等优点正是符合今后发展趋势的特征。本研究通过对组培苗和容器苗微嫁接技术研究，探讨了微嫁接的影响因素及适合条件，以期寻找一套成熟的薄壳山核桃微体嫁接技术，从而为今后微嫁接技术在工厂化育苗的推广及应用、无病毒苗木的推广及缩短育种年限等方面提供理论依据。

13.1 砧木的培育

13.1.1 组培砧木的培育

不同培养条件下（表13-1），种胚诱导率差异显著（$P < 0.05$），结果表明，25天内全黑暗培养（T2）的种胚诱导效果显著高于正常光照（T1：16h光照+8h黑暗处理）培养，更能促进种胚的生长和发育，且培育周期短，胚根与胚芽的生长状况良好，并且子叶能正常展开，诱导率可达82.5%。

表 13-1 不同光照条件下薄壳山核桃种胚的胚性诱导率

培养条件	诱导率 /%
T1	$20 \pm 0b$
T2	$82.5 \pm 3.54a$

种胚诱导试验（表 13-2）结果表明：改良 DKW+KT 2mg/L+6-BA 1mg/L+IBA 0.01mg/L（M3）能在最短时间内诱导种胚生根发芽，并且该培养基相较于其他类型培养基来说对胚根的诱导呈显著性差异，在对胚芽的生长诱导上影响很大；而相对于种胚诱导率来说，培养基 3（M3）与其他培养基之间都存在显著性差异（$P < 0.05$），诱导萌发率最好，可达 87.5%。改良 DKW+6-BA 2.0mg/L+NAA 0.05mg/L（M4）较好于 MS+6-BA 4.0mg/L+VC 2.0mg/L（M1）和改良 DKW+6-BA 4.0mg/L+VC 2.0mg/L（M2）。

表 13-2 不同培养基下胚根与胚芽及种胚诱导情况的多重比较（LSD）

培养基	萌发周期 (d)	胚根的长度 (cm)（15d）	胚芽的长度 (cm)（20d）	种胚萌发率 (%)	种胚污染率 (%)
M1	9	$2.3 \pm 0.47bc$	$2.2 \pm 0.63a$	$65 \pm 0bc$	$25 \pm 7.07a$
M2	13	$2 \pm 0.45c$	$1.6 \pm 0.37b$	$55 \pm 7.07c$	$30 \pm 28.28a$
M3	8	$3.3 \pm 0.47a$	$2.2 \pm 0.43a$	$87.5 \pm 3.54a$	$10 \pm 0a$
M4	11	$2.1 \pm 0.45bc$	$1.6 \pm 0.54b$	$72.5 \pm 3.54b$	$15 \pm 7.07a$

13.1.2 实生砧木的培育

选取无病害的成熟种子，用清水分别进行浸泡 5 天和 10 天作为处理，每天换水 1 次，将充分浸泡后的种子进行沙藏催芽，并注意保持适度的湿度。随时观察出苗及生长状况并进行记录与分析。研究结果表明，浸泡 10 天的种子发芽率（$56.7 \pm 5.77Ab$）与浸泡 5 天的种子发芽率（$76.7 \pm 5.77Aa$）存在显著性差异（$P < 0.05$），且种苗生长状况也受一定的影响，浸泡 10 天的种子发芽率可达 76.7% 以上，出苗整齐，叶片较大且多，而浸泡 5 天的种子出苗率仅有 56.7% 左右，苗木生长状况也差于浸泡 10 天的处理。

13.2 接穗的培育

由表 13-3 可知，不同消毒处理的污染率存在显著差异（$P < 0.05$），萌芽率存在极显著差异（$P < 0.01$）。当 $HgCl_2$ 浓度为 0.05% 时，污染率随消毒时间延长而降低，萌芽率先升后降。当 $HgCl_2$ 浓度为 0.1% 时，污染率随消毒时间延长而升高，萌芽率降低，说明不同消毒剂和消毒时间对外植体的影响较大，正确选择消毒剂浓度和处理时间可降低污染率，减少组织死亡，提高外植体的存活率和萌发率。并且，选用高浓度的消毒试剂消毒时间不宜过长，容易造成外植体褐化污染，进而死亡。

根据污染率和萌芽率结果综合分析，最佳消毒方法为处理 4（T4），即先用酒精消毒外植体 20 秒后，再用 0.1% $HgCl_2$ 灭菌 5min 效果最好，污染率仅为 42.7%，萌芽率可达 77%。

表 13-3　不同消毒方法对茎段诱导影响

处理	$HgCl_2$ 浓度（%）	消毒时间（min）	污染率（%）	萌芽率（%）
T1	0.05	5	$60.0 \pm 0aA$	$69.0 \pm 7.93aAB$
T2	0.05	8	$51.7 \pm 10.07abA$	$71.7 \pm 5.77aAB$
T3	0.05	12	$50.7 \pm 10.07abA$	$51.0 \pm 3.61cCD$
T4	0.1	5	$42.7 \pm 6.81bA$	$77.0 \pm 2.65aA$
T5	0.1	8	$50.0 \pm 10.0abA$	$60.0 \pm 0bBC$
T6	0.1	12	$56.7 \pm 5.77aA$	$46.7 \pm 5.77cD$

不同小写字母表示 0.05 水平差异显著，不同大写字母表示 0.01 水平差异显著，下同。

不同培养基配方均能有效诱导腋芽腋芽萌发，但不同处理间萌芽率存在显著差异（$P < 0.05$）。从表 2 可以看出，以处理 3 和处理 5 诱导效果最好，腋芽诱导率均达到 81.9%；处理 2 效果最差，但萌芽率也能达到 73.3%。而在培养过程中，处理 3 萌发的腋芽叶色脆绿，舒展，生长良好。处理 5 萌发率较高，但在培养过程中出现叶色发黄，变淡的现象。结合培养过程中腋芽的长势情况，选取 MS+6-BA 2.0mg/L+IBA 0.02mg/L 作为腋芽诱导的最佳培养基。

表 13-4　不同培养基下薄壳山核桃腋芽诱导状况

处理	培养基	6-BA（mg/L）	IBA（mg/L）	萌发率（%）
T1	WPM	2.0	0.02	80±20aA
T2	WPM	3.0	0.01	73.3±6.67bA
T3	MS	2.0	0.02	81.9±10.60aA
T4	MS	3.0	0.01	80.4±6.44aA
T5	DKW (improved)	2.0	0.02	81.9±10.60aA
T6	DKW (improved)	3.0	0.01	—

以改良的 DKW+6-BA 1.0mg/L+IBA 0.01mg/L 为基本培养基进行培养，将初代培养萌发的腋芽（图 13-1）转移到继代培养基上进行培养，促使腋芽健壮。由图 13-1（d, f）可以明显看出茎段伸长生长的状况，且生长状况良好，叶片青绿色，较多，呈萌发状态；并且 70% 以上的腋芽能够进行伸长生长供后期试验使用。在腋芽状态调整过程中，发现基部有愈伤组织产生，进一步会分化形成不定芽。

图 13-1　不定芽的培养

表 13-5 为不同抗氧化剂对外植体褐化率的影响，可以看出 3 种不同抗氧化剂对外植体褐化率影响不存在显著差异（$P < 0.05$），但抗褐化效果却异常明显，其中对外植体抗褐化影响最显著的是 PVP，褐化率仅有 25%。

表 13-5　不同抗氧化剂对外植体褐化率的影响

处理	培养基	抗褐化剂	褐化率（%）
T1		VC	$35 \pm 7.07aA$
T2	DKW	PVP	$25 \pm 7.07aA$
T3		AC	$30 \pm 7.07aA$

13.3　组培苗微体嫁接

　　试验选择无污染，基部无褐化的接穗进行嫁接，发现当接穗带有两片叶子时，嫁接成活率最高，可达 13.3%。而接穗带有 4 片叶子时，嫁接成活率仅为 10%，并且污染严重，砧木死亡率较高。接穗不带叶片进行嫁接不易成活，接穗易枯萎。试验发现，炼苗后相比较于不炼苗可以显著提高嫁接成活率，但成活率不够理想，仅有 12.5%。无根试管苗虽然具有一定的光合能力，但它长期处于高湿、弱光、低 CO_2、恒温的条件下生长，其组织分化不完善，光合自养能力弱，适应性差，炼苗能够改变其生长条件促使组织发育完全，以提高适应外界环境的能力。将嫁接苗移至 MS 培养基和改良的 DKW 培养基进行嫁接后培养。结果表明，MS 培养基较改良的 DKW 培养基生长效果较好。而 MS 培养基 2 嫁接苗生长效果及成活率好于 MS 培养基 1，因此，以 MS+6-BA 1mg/L+IAA 3.0mg/L 培养基培养嫁接苗效果最好，成活率为 10%。

　　嫁接苗移栽结果显示，以珍珠岩 + 蛭石为移栽基质，成活率较高，可达 15%，河沙与珍珠岩 + 蛭石 + 腐殖土成活率相同，仅有 5%。生长状况一般，死亡率较高。

13.4　容器苗微体嫁接

　　经沙床催芽生长的砧木苗出土 10 天，茎为浅红色时嫁接成活率稍高于出土 20 天后嫁接的嫁接苗，成活率可达 15%。试验发现，当砧木高度为 5cm 时，成活率相对较高，为 15%。当砧木高度为 10cm 时成活率为 5%。长度为 15cm 时，成活率为 0。

　　在自然散射光下炼苗 7 天可以使接穗有一个逐渐适应自然环境的过程，在嫁接后能够适应自然环境如温度、湿度、光照的变化，可以提高嫁接后苗木的成活状况，嫁接成活率为 5%，高于不炼苗直接进行嫁接的处理。

　　接穗上的叶片数量对薄壳山核桃嫁接苗成活及生长状况的影响也十分明显。当接穗带有两片叶子时，嫁接成活率最高，可达 9.1%。接穗带有 4 片叶子时，嫁接成活率为 15%。可见，接穗带有 2～4 片叶子嫁接成活率差异并不显著。接穗不带叶片时嫁接，成活率为 0，隔天便出现死亡现象。

移栽于河沙中嫁接苗前期生长较好，但河沙不保水，导致生长后期成活率低下，生长状况不佳，并影响砧木本身根系的生长。珍珠岩和蛭石的混搭基质能够较好地控制水分及通风透气的条件，但珍珠岩与蛭石本身并不具有营养，而按珍珠岩∶蛭石∶腐殖土 = 1∶1∶1 的比例进行配比能够弥补两者所具有的不足，蛭石可起到缓冲作用，阻碍 pH 值的迅速变化，使营养在作物生长介质中缓慢释放，促进嫁接苗迅速生长，成活率可达 10%。

13.5 结论与讨论

薄壳山核桃微体嫁接接穗培育的最佳消毒方法为先用酒精消毒外植体 20 秒后，再用 0.1% HgCl$_2$ 灭菌 5min 效果最好；MS+6-BA 2.0mg/L+IBA 0.02mg/L 为腋芽诱导的最佳培养基；25 天内全黑暗培养的组培砧木的种胚诱导效果显著高于正常光照培养，实生砧木以浸泡 10 天的种子发芽率最好。组培苗微体嫁接的最终成活率为 15%，而容器苗微体嫁接的最终成活率为 10%。

作为极难生根树种，薄壳山核桃组织培养的消毒和褐化问题仍是最大难题，试验中虽有一定效果，但更加完善的解决方案仍有待探索。培养基的选择、植物生长调节剂的搭配及培养环境条件是影响外植体污染率和外植体腋芽萌发诱导率的主要因素，试验发现以 0.1%HgCl$_2$ 灭菌 5min，MS 培养基添加 6-BA 2.0mg/L 和 IBA 0.02mg/L，蔗糖 30g/L，pH5.8，外植体污染率最低且萌芽率较高，生长效果较好。傅玉兰等通过消毒，培养基添加活性炭，进行暗培养后，材料的无菌率达到 95%，且对菌类滋生抑制能力强，试验结论相似。

组培砧木的培育，与苗利娟等人在花生组培嫁接技术上的研究结论相同，均以全黑暗处理为最佳。组培砧木的培养基的配比参考核桃与山核桃体胚诱导的植物生长调节剂进行试验。以 MS 培养基，添加 4.0mg/L 6-BA、0.2mg/ml VC 及 40g/L 蔗糖诱导效果最好。实生砧木较好处理，通过浸泡层积催芽即可打破休眠，进而发芽生长作为砧木。

组培苗微体嫁接中以培养基进行嫁接后培养，培养基以 6-BA、IBA 与 IAA 为外源激素对嫁接苗提供营养；砧木接受日光灯炼苗 7 天；移栽后成活率为 15%。而容器苗微嫁接的移栽成活率为 10%。刘颖等对疯麻树的研究中，嫁接苗的移栽成活率最高可达 76.40%，苗利娟等对花生的研究中成活率达到了 93%～100%。可见，对于薄壳山核桃这种难生根、易污染、易褐化的树种而言，无论是组培苗还是容器苗，其微嫁接成活率均不是很高。而微嫁接技术成熟的重要特征便是高成活率和低成本，可见，如若不解决成活率问题，将很难应用于工厂化育苗生产上。本试验还需进一步研究探索，来建立高成活率的薄壳山核桃微体嫁接技术。

参考文献

曹凡, 谭鹏鹏, 彭方仁, 2017. 美国山核桃无性繁殖技术研究进展[J]. 世界林业研究, 30 (01): 76-80.

曹建华, 林位夫, 陈俊明, 2005. 砧木与接穗嫁接亲合力研究综述[J]. 热带农业科学, 2 (4): 64-69.

初庆刚, 张长胜, 1992. 梨树嫁接愈合的解剖观察[J]. 莱阳农学院学报, 9 (4): 256-259.

褚怀亮, 2008. 山核桃嫁接成活相关基因克隆[D]. 临安: 浙江农林大学.

丁平海, 都荣庭, 1991. 核桃枝接愈合过程的解剖学观察[J]. 林业科学, 27 (4): 457-461.

董凤祥, 王贵禧, 2003. 美国薄壳山核桃引种及栽培技术[M]. 金盾出版社.

董筱昀, 蒋泽平, 蒋春, 等, 2013. 薄壳山核桃试管离体培养中不定芽诱导及增殖技术的研究[J]. 江苏林业科技, 40 (03): 10-14.

方佳, 2013. CcARF基因在山核桃嫁接过程中的功能分析[D]. 临安: 浙江农林大学.

冯金玲, 杨志坚, 陈辉, 2012. 油茶芽苗砧嫁接口不同发育时期差异蛋白质分析[J]. 应用生态学报, 23 (8): 2055-2061.

冯金玲, 杨志坚, 陈世品, 等, 2011. 油茶芽苗砧嫁接口愈合过程中苯丙烷代谢的若干生理指标[J]. 福建农林大学学报(自然科学版), 40 (3): 264-270.

傅玉兰, 谷凤, 吴炜, 2004. 美国山核桃组培中材料灭菌的研究[J]. 安徽农业大学学报, (02): 169-172.

耿国民, 周久亚, 2009. 美国薄壳山核桃生产概况[J]. 河北农业科学, (07): 16-19.

郭传友, 黄坚钦, 方炎明, 2004. 植物嫁接机理研究综述[J]. 江西农业大学学报, 26 (1): 144-148.

何海洋, 2016. 美国山核桃嫁接愈合过程中特异蛋白的分离鉴定与功能研究[D]. 南京: 南京林业大学.

胡延丽, 后文革, 张莱贵, 等, 2017. 温度和湿度对薄壳山核桃嫁接成活率的影响[J]. 林业实用技术, (11): 33

胡靖楠, 蒋细春, 林跃, 等, 2009. 化香作砧木嫁接山核桃育苗及造林效果[J]. 湖南林业科技, 36 (5): 11-14.

扈顺, 刘果厚, 周国栋, 等, 2013. 四合木扦插生根过程中淀粉粒和蛋白质积累动态研究[J]. 西北植物学报, 33 (7): 1373-1377.

黄坚钦, 方伟, 丁雨龙, 2002. 植物生长调节物质对山核桃嫁接的效用[J]. 南京林业大学学报, 26 (4): 78-80.

黄坚钦, 章滨森, 陆建伟, 等, 2001. 山核桃嫁接愈合过程的解剖学观察[J]. 浙江林学院学报, 18

（2）：111-114.

贾彩凤，李悦，瞿超，2004.木本植物体细胞胚胎发生技术[J].中国生物工程杂志，（03）：26-29.

姜春宁，郑彩霞，包仁艳，2006.油松胚珠蛋白质提取分离技术的优化[J].北京林业大学学报，28
　　（4）：96-99.

勒栋梁，李永荣，彭方仁，等，2015.薄壳山核桃夏秋芽接和春夏枝接育苗试验[J].林业工程学报，
　　29（2）：49-52.

勒栋梁，董凤祥，李宝，等，2009.杂交榛不同枝段绿枝插生根特性及相关氧化酶活性变化[J].林业
　　科学研究，22（4）:526-532.

李和平，2009.植物显微技术[M].北京:科学出版社.

李杰，张福城，王文泉，等，2006.高等植物启动子的研究进展[J].生物技术通讯，17（4）：658-661.

李晓储，陈厚照，2013.薄壳山核桃资源在华东地区开发利用的调查研究[J].江苏林业科技，
　　（01）:1-6+15

李永荣，吴文龙，刘永芝，2009.薄壳山核桃种质资源的开发利用[J].安徽农业科学，37（27）：
　　13306-13308.

栗彬，2003.我国引种美国山核桃历程及资源现状研究[J].经济林研究，（04）：107-109.

刘传荷，2008.山核桃嫁接愈合过程的解剖学研究及IAA免疫金定位[D].临安:浙江农林大学，

刘广勤，王秀云，生静雅，等，2011.薄壳山核桃育种研究进展[J].林业科技开发，25（04）：1-5.

刘广勤，俞卫东，曹仁勇，等，2014.薄壳山核桃食药用价值及加工利用研究进展[J].江苏农业科
　　学，42（12）：302-303.

刘艳，黄卫东，战吉宬，等，2004.机械伤害和外源茉莉酸诱导豌豆幼苗H2O2系统性产生[J].中国科
　　学C辑，34（6）：501-509.

刘颖，杨跃生，童欣，等，2014.利用微嫁接技术促进麻疯树再生不定芽的生长[J].西北植物学报，
　　34（10）：2118-2124.

卢善发，2000.番茄/番茄嫁接体发育过程中的过氧化物酶同工酶[J].园艺学报，27（5）：340-344.

卢善发，2001.植物离体茎段嫁接[J].云南植物研究，23（1）:91-96.

卢善发，邵小明，杨世杰，等.1995.嫁接植株形成过程中接合部组织学和生长素含量的变化[J].植
　　物学通报，12（4）:38-41.

卢善发，宋艳茹，1999.激素水平与试管苗离体茎段嫁接体维管束桥分化的关系[J].科学通报，44
　　（13）：1422-1425.

吕运舟，窦全琴，蒋泽平，2015.薄壳山核桃愈伤组织诱导的影响因素[J].江苏林业科技，42
　　（05）：29-32.

孟庆伟，高辉远，2011.植物生理学[M].中国农业出版社.

苗利娟，韩锁义，石磊，等，2018.花生组培苗高效嫁接技术[J].中国油料作物学报，40（06）：845-
　　850.

倪穗，2006.芽苗砧嫁接及在我国的研究现状与展望[J].宁波大学学报（理工版），19（4）:451-
　　456.

牛晓丹，2009.板栗菌根菌剂制作技术与芽苗嫁接成活机理研究[D].北京林业大学.

彭方仁, 2014. 美国薄壳山核桃产业发展现状及对我国的启示[J]. 林业工程学报, 28 (6) : 1-5.

彭方仁, 李永荣, 郝明灼, 等, 2012. 我国薄壳山核桃生产现状与产业化发展策略[J]. 林业科技开发, 26 (04) : 1-4.

曲云峰, 赵忠, 张小鹏, 2008. 大扁杏嫁接愈合过程中几种生化物质含量的变化[J]. 西北农林科技大学学报 (自然科学版), 36 (5) :73-78.

宋慧, 张香琴, 应泉盛, 等, 2013. 瓜类异属间嫁接亲和/不亲和组合形成过程中特异蛋白的产生[J]. 华北农学报, 28 (2) : 20-26.

苏文川, 2016. 薄壳山核桃嫁接愈合的解剖学和生理生化特性研究[D]. 南京: 南京林业大学.

孙敬爽, 李少峰, 董辰希, 等, 2014. 嫁接植物体中RNA分子长距离传递研究进展[J]. 林业科学, 50 (11) : 158-165.

王国平, 李晓梅, 2006. 核桃无根试管苗微枝嫁接技术[J]. 山西果树, (01) : 28-29.

王红红, 2015. 山核桃属植物不同砧穗组合对嫁接成活率及生长的影响[D]. 临安: 浙江农林大学.

王瑞, 陈永忠, 王湘南, 等, 2014. 油茶芽苗砧嫁接愈合过程中砧穗相关生理指标的研究[J]. 西北农林科技大学学报, 42 (1) : 1-5.

王幼群, 2011. 植物嫁接系统及其在植物生命科学研究中的应用[J]. 科学通报, 56 (30) : 2478-2485.

魏芳, 郑乾坤, 罗世巧, 等, 2014. 橡胶树树皮和木质部淀粉和可溶性糖含量测定[J]. 热带农业科学, 34 (4) : 9-13.

魏建华, 宋艳茹, 2001. 木质素生物合成途径及调控的研究进展[J]. 植物学报, 43 (8) : 771-779.

翁春余, 邵慰忠, 叶浩然, 等, 2012. 薄壳山核桃17个无性系嫁接试验[J]. 浙江林业科技, 32 (3) : 35-38.

吴国良, 张凌云, 潘秋红, 等, 2003. 美国山核桃及其品种性状研究进展[J]. 果树学报, (05) : 404-409.

吴蕊, 2009. 嫁接引起茄科植物可遗传的DNA甲基化模式变异及其可能机制的研究[D]. 长春: 东北师范大学.

吴文龙, 闾连飞, 2003. 薄壳山核桃的引种栽培[J]. 江苏林业科技, (1) : 11-13.

习学良, 范志远, 邹伟烈, 等, 2006. 东京山核桃砧对美国山核桃嫁接成活率及树体生长结果的影响[J]. 西北林学院学报, 21 (2) : 76-79.

习学良, 范志远, 董润泉, 等, 2001. 美国山核桃在云南的引种研究进展及发展前景[J]. 江西林业科技, (06) : 39-41.

夏根清, 翁春余, 王开良, 等, 2007. 薄壳山核桃嫁接技术试验[J]. 经济林研究, 25 (4) :109-112.

向国胜, 邵小明, 杨世杰, 1992. 番茄/番茄和苋菜/番茄嫁接组合形成过程的细胞学观察[J]. 北京农业大学学报, 18 (3) :267-273.

肖桂山, 杨世杰, 1995. 黄瓜同种异体嫁接组合形成过程中特异蛋白质的产生[J]. 农业生物技术学报, (2) : 32-37.

严毅, 高柱, 何承忠, 等, 2011. 葡萄柚嫁接愈合过程关联酶活性研究进展[J]. 安徽农业科学, 39 (2) : 734-736.

宪攀, 2013. 薄壳山核桃嫁接育苗技术研究[D]. 南京: 南京林业大学.

杨冬冬, 黄丹枫, 2006. 西瓜嫁接体发育中木质素合成及代谢相关酶活性的变化[J]. 西北植物学报, 26 (2): 290-294.

杨世杰, 娄成后, 1988. 嫁接隔离层两侧愈伤组织中的壁傍体[J]. 植物学报, 30 (5): 480-484.

杨志坚, 冯金玲, 陈辉, 2013. 油茶芽苗砧嫁接口愈合过程解剖学研究[J]. 植物科学学报, 31 (3): 313-320.

姚小华, 王开良, 任华东, 等, 2004. 薄壳山核桃优新品种和无性系开花物候特性研究[J]. 江西农业大学学报, 26 (5): 675-680.

叶宝兴, 毕建杰, 孙印石, 2011. 植物细胞与组织研究方法[M]. 北京: 化学工业出版社.

殷昊, 2012. 植物嫁接体的发育: 接口融合过程的时期划分、表达谱分析及相关基因的鉴定[D]. 兰州: 兰州大学.

游美红, 李燕, 蔡宝珊, 等, 2017. 盐生植物盐芥高效率嫁接体系的构建[J]. 安徽农业科学, 45 (27): 20-22.

于文胜, 姜伟, 龚雪琴, 等, 2013. 仙客来体细胞胚发生和发育过程中淀粉粒的动态变化[J]. 园艺学报, 40 (8): 1527-1534.

翟敏, 李永荣, 董凤祥, 2011. 南京地区薄壳山核桃不同时期嫁接试验研究[J]. 林业实用技术, (2): 6-8.

张红梅, 丁明, 姜武, 等, 2012. 不同苗龄接穗西瓜嫁接体愈合的组织细胞学研究[J]. 园艺学报, 39 (3): 493-500.

张启香, 胡恒康, 王正加, 等, 2011. 山核桃间接体细胞胚发生和植株再生[J]. 园艺学报, 38 (06): 1063-1070.

张日清, 李江, 吕芳德, 等, 2003. 我国引种美国山核桃历程及资源现状研究[J]. 经济林研究, (04): 107-109.

张日清, 吕芳德, 2002. 美国山核桃在原产地分布、引种栽培区划及主要栽培品种分类研究概述[J]. 经济林研究, (03): 53-55.

张日清, 吕芳德, 张勖, 等, 2005. 美国山核桃在我国扩大引种的可行性分析[J]. 经济林研究, (04): 1-10.

张圣平, 顾兴芳, 王烨, 等, 2005. 低温胁迫对以野生黄瓜（棘瓜）为砧木的黄瓜嫁接苗生理生化指标的影响[J]. 西北植物学报, 25 (7): 1428-1432.

张小红, 闫东红, 康冰, 等, 2005. 核桃组织培养中外植体材料的初代培养研究[J]. 陕西林业科技, (02): 6-8.

张治安, 2008. 植物生理学实验技术[M]. 长春: 吉林大学出版社.

张智英, 2009. 早实核桃生殖特性及胚培养条件研究[D]. 保定: 河北农业大学.

章恒毅, 2011. 影响核桃嫁接成活率的因素及应对措施[J]. 云南农业科技, (1): 33-34.

赵红玲, 2004. 葡萄嫁接愈合过程研究及嫁接对葡萄生长发育、产量和品质的影响[D]. 长春: 吉林农业大学.

赵天宏, 孙加伟, 付宇, 2008. 逆境胁迫下植物活性氧代谢及外源调控机理的研究进展[J]. 作物杂志，（3）：10-13.

赵伟明，张海军，施娟娟，等，2014. 不同嫁接时间和砧木处理对薄壳山核桃嫁接成活率的影响[J]. 西南林业大学学报，（4）：104-106.

郑炳松，刘力，黄坚钦，等，2002.山核桃嫁接成活的生理生化特性分析[J]. 福建林学院学报，22（4）:320-324.

郑坚端，余肖娟，邱德勃，等，1980. 橡胶树芽接愈合过程的解剖观察[J]. 热带作物学报，1（1）：54-60.

周华，董凤祥，曹炎生，等，2007. 核桃子苗砧嫁接及相关生理指标的研究[J]. 林业科学研究，20（1）：53-57.

周瑞金，杜国强，师校欣，2006. 标记基因npt II 在转基因苹果嫁接砧穗间无相互传导[J]. 园艺学报，33（6）:1329-1330.

周艳,周洪英,朱立,等,2013.植物微嫁接研究进展[J].贵州科学,31（02）：84-88.

周肇基,1994.中国嫁接技艺的起源和演进[J].自然科学史研究,13（3）：264-272.

Abel S, 1996. Theologis A. Early genes and auxin action[J]. Plant Physiology, 111（1）：9-17.

Ajamgard F, Rahemi M, Vahdati K, 2016. Development of improved techniques for grafting of pecan[J]. Scientia Horticulturae, 204: 65-69.

Allwood E, Davies D C, Ellis B, et al, 1999. Phosphorylation of phenylalanine ammonia-lyase: evidence for a novel protein kinase and identification of the phosphorylated residue[J]. Febs Letters, 457（1）：47-52.

Aloni B, Karni L, Deventurero G, et al, 2008. Physiological and biochemical changes at the rootstock-scion interface in graft combinations between Cucurbita rootstocks and a melon scion[J]. The Journal of Horticultural Science and Biotechnology, 83（6）：777-783.

Ambawat S, Sharma P, Yadav N R, et al, 2013. MYB transcription factor genes as regulators for plant responses: an overview[J]. Physiology & Molecular Biology of Plants, 19（3）：307-321.

Andrews P K, Marquez C S, 1993. Graft incompatibility[J]. Horticultural Reviews, 15: 183-232.

Asahina M, Satoh S, 2011. Spatially selective hormonal control of RAP2.6L and ANAC071 transcription factors involved in tissue reunion in Arabidopsis[J]. Proceedings of the National Academy of Sciences of the United States of America, 108（38）：16128-16132.

Aziz E, Kourosh V, Esmaeil F, 2007. Improved success of persian walnut grafting under environmentally controlled conditions[J]. International Journal of Fruit Science, 6（4）：3-12.

Badenes M L, 2012.Byrne D H, Fruit breeding.

Baima S, Possenti M, Matteucci A E, et al, 2001. The Arabidopsis ATHB-8 HD-zip protein acts as a differentiation-promotingtranscription factor of the vascular meristems[J]. Plant Physiology, 126（2）：643-655.

Bartel D P, 2004. MicroRNAs: genomics, biogenesis, mechanism, and function[J]. Cell, 116（2）：281-297.

Bassal M A. Growth, 2009. yield and fruit quality of 'Marisol' clementine grown on four rootstocks in Egypt[J]. Scientia Horticulturae, 119（2）：132-137.

Bennett R N, Wallsgrove R M., 1994. Secondary metabolites in plant defence mechanisms[J]. New Phytologist, 127（4）：617-633.

Berthet S, Demont-Caulet N, Pollet B, et al, 2011. Disruption of LACCASE4 and 17 results in tissue-specific alterations to lignification of Arabidopsis thaliana stems[J]. The Plant Cell, 23（3）：1124-1137.

Brison F R, 1974 .Pecan culture[M]. Austin: Capital Printing Co.

Campos R, Nonogaki H, Suslow T, et al, 2004. Isolation and characterization of a wound inducible phenylalanine ammonia-lyase gene（LsPAL1）from Romaine lettuce leaves[J]. Physiologia Plantarum, 121（3）：429-438.

Canas S, Assunção M, Brazão J, et al, 2015. Phenolic compounds involved in grafting incompatibility of Vitis spp: development and validation of an analytical method for their quantification[J]. Phytochemical Analysis, 25: 1-7.

Cassol D A, Pirola K, Dotto M, et al, 2017. Grafting technique and rootstock species for the propagation of Plinia cauliflora[J]. Ciencia Rural, 47（2）：e20140452.

Çelik H, 2000. The effects of different grafting methods applied by manual grafting units on grafting success in grapevines[J]. Turkish Journal of Agriculture & Forestry,（4）：499-504.

Chandler J W, 2016. Auxin response factors[J]. Plant Cell & Environment, 39（5）：1014-1028.

Chang A, Lim M H, Lee S W, et al, 2008. Tomato phenylalanine ammonia-lyase gene family, highly redundant but strongly underutilized[J]. Journal of Biological Chemistry, 283（48）：33591-33601.

Chen C C, Fu S F, Lee Y I, et al, 2012. Transcriptome analysis of age-related gain of callus-forming capacity in Arabidopsis hypocotyls[J]. Plant and Cell Physiology,, 53（8）：1457-1469.

Chen X B, Zhang Z L, Liu D M, et al, 2010. SQUAMOSA promoter-binding protein-like transcription factors: star players for plant growth and development[J]. Journal of Integrative Plant Biology, 52（11）：946-951.

Chen X, 2009. Small RNAs and their roles in plant development[J]. Annual Review of Cell & Developmental Biology,（1）：21-44.

Chen Z, Zhao J, Hu F, et al, 2017. Transcriptome changes between compatible and incompatible graft combination of Litchi chinensis by digital gene expression profile[J]. Scientific Reports, 7（1）：3954.

Claeys H, De B S, Inzé D, 2014. Gibberellins and DELLAs: central nodes in growth regulatory networks[J]. Trends in Plant Science, 19（4）：231-239.

Cochrane F C, Davin L B, Lewis N G, 2004. The Arabidopsis phenylalanine ammonia lyase gene family: kinetic characterization of the four PAL isoforms[J]. Phytochemistry, 65（11）：1557-1564.

Cockcroft C E, den Boer B G, Healy J S, et al, 2000. Cyclin D control of growth rate in plants[J].

nature, 405 (6786) : 575-579.

Conner P J, 2010 Some thoughts on growing young pecan seedlings in a nursery, in: University of Georgia.

Constabel C P, Ryan C A, 1998. A survey of wound-and methyl jasmonate-induced leaf polyphenol oxidase in crop plants[J]. Phytochemistry, 47 (4) : 507-511.

Cookson S J, Clemente Moreno M J, Hevin C, et al, 2013. Graft union formation in grapevine induces transcriptional changes related to cell wall modification, wounding, hormone signalling, and secondary metabolism[J]. Journal of Experimental Botany, 64 (10) : 2997-3008.

Cookson S J, Clemente Moreno M J, Hevin C, et al, 2013. Graft union formation in grapevine induces transcriptional changes related to cell wall modification, wounding, hormone signalling, and secondary metabolism[J]. Journal of Experimental Botany, 64 (10) : 2997-3008.

Cookson S J, Clemente Moreno M J, Hevin C, et al, 2014. Heterografting with nonself rootstocks induces genes involved in stress responses at the graft interface when compared with autografted controls[J]. Journal of Experimental Botany, 65 (9) : 2473-2481.

Corbesier L, Vincent C, Jang S, et al, 2007. FT protein movement contributes to long-distance signaling in floral induction of Arabidopsis[J]. Science, 316 (5827) : 1030-1033.

Courtois Moreau C L, Pesquet E, Sjödin A, et al, 2009. A unique program for cell death in xylem fibers of Populus stem[J]. The Plant Journal, 58 (2) : 260-274.

Cramer C L, Edwards K, Dron M, et al, 1989. Phenylalanine ammonia-lyase gene organization and structure[J]. Plant Molecular Biology, 12 (4) : 367-383.

Davis A R, Perkins-Veazie P, Sakata Y, et al, 2008. Cucurbit grafting[J]. Critical Reviews in Plant Sciences, 27 (1) : 50-74.

De R B, Mähönen A P, Helariutta Y, et al, 2015. Plant vascular development: from early specification to differentiation[J]. Nature Reviews Molecular Cell Biology, 17 (1) : 30-40.

De V L, Beeckman T, Beemster G T, et al, 2002. Control of proliferation, endoreduplication and differentiation by the Arabidopsis E2Fa-DPa transcription factor[J]. Embo Journal, 21 (6) : 1360-1368.

Debernardi J M, Rodriguez R E, Mecchia M A, et al, 2012. Functional specialization of the plant miR396 regulatory network through distinct MicroRNA–target interactions[J]. Plos Genetics, 8 (1) : e1002419.

Del Pozo J C, Lopez Matas M, Ramirez Parra E, et al, 2005. Hormonal control of the plant cell cycle[J]. Physiologia Plantarum, 123 (2) : 173-183.

Dixon R A, Achnine L, Kota P, et al, 2002. The phenylpropanoid pathway and plant defence-a genomics perspective[J]. Molecular Plant Pathology, 3 (5) : 371-390.

Dixon R A, Paiva N L, 1995. Stress-induced phenylpropanoid metabolism[J]. Plant Cell, 7 (7) : 1085-1097.

Dong C J, Shang Q M, 2013. Genome-wide characterization of phenylalanine ammonia-lyase gene family in watermelon（Citrullus lanatus）[J]. Planta, , 238（1）: 35-49.

Dubos C, Stracke R, Grotewold E, et al, 2010. MYB transcription factors in Arabidopsis[J]. Trends in Plant Science, 15（10）: 573-581.

Dubos C, Whetten R W, Bevan M W, et al, 2003. Characterisation of PtMYB1, an R2R3-MYB from pine xylem[J]. Plant Molecular Biology, 53（4）: 597-608.

Ellis C M, Nagpal P, Young J C, et al, 2005. AUXIN RESPONSE FACTOR1 and AUXIN RESPONSE FACTOR2 regulate senescence and floral organ abscission in Arabidopsis thaliana[J]. Development, 132（20）: 4563-4574.

Errea P, Garay L, Marín J A, 2001. Early detection of graft incompatibility in apricot（Prunus armeniaca）using in vitro techniques[J]. Physiologia Plantarum, 112（1）: 135-141.

Etchells J P, Provost C M, Turner S R, 2012. Plant vascular cell division is maintained by an interaction between PXY and ethylene signalling[J]. Plos Genetics, 8（11）: e1002997.

Fehér A, Magyar Z, 2015. Coordination of cell division and differentiation in plants in comparison to animals[J]. Acta Biologica Szegediensis, ,59（2）: 275-289.

Fernández García N, Carvajal M, Olmos E, 2004. Graft union formation in tomato plants: peroxidase and catalase involvement[J]. Annals of botany , 93（1）: 53-60.

Foo E, Morris S E, Parmenter K, et al, 2007. Feedback regulation of xylem cytokinin content is conserved in Pea and Arabidopsis[J]. Plant Physiology, 143（3）: 1418-1428.

Ge F, Luo X, Huang X, et al, 2016. Genome wide analysis of transcription factors involved in maize embryonic callus formation[J]. Physiol Plant, 158（4）: 452-462.

Gebhardt K, Feucht W, 1982. Polyphenol changes at the union of Prunus Avium/Prunus cerasus grafts[J]. Journal of Pomology & Horticultural Science, 57（3）: 253-258.

Gijón M D C, Gimenez C, Perez-López D, et al, 2010. Rootstock influences the response of pistachio（Pistacia vera L. cv. Kerman）to water stress and rehydration[J]. Scientia Horticulturae, 125（4）: 666-671.

Goetz M, Vivian-Smith A, Johnson S D, et al, 2006. AUXIN RESPONSE FACTOR8 is a negative regulator of fruit initiation in Arabidopsis[J]. Plant Cell, 18（8）: 1873-1886.

Grabherr M G, Haas B J, Yassour M, et al, 2011. Trinity: Reconstructing a full-length transcriptome without a genome from RNA-Seq data[J]. Nature Biotechnology, 29（7）: 644-652.

Gu C, Guo Z H, Hao P P, et al, 2017. Multiple regulatory roles of AP2/ERF transcription factor in angiosperm[J]. Botanical Studies, 58（1）: 6.

Guilfoyle T J, Hagen G, 2007. Auxin response factors[J]. Current Opinion in Plant Biology, 10（5）: 453-460.

Guilfoyle T J, Ulmasov T, Hagen G, 1998. The ARF family of transcription factors and their role in plant hormone-responsive transcription[J]. Cellular & Molecular Life Sciences Cmls, 54（7）: 619-627.

Gulen H, Arora R, Kuden A, et al, 2002. Peroxidase isozyme profiles in compatible and incompatible pear-quince graft combinations[J]. Journal of the American Society for Horticultural Science, 127 (2) : 152-157.

Guo H S, Xie Q, Fei J F, et al, 2005. MicroRNA directs mRNA cleavage of the transcription factor NAC1 to downregulate auxin signals for arabidopsis lateral root development[J]. Plant Cell, 17 (5) : 1376-1386.

Guo H, Wang Y, Liu H, et al, 2015. Exogenous GA3 application enhances xylem development and induces the expression of secondary wall biosynthesis related genes in Betula platyphylla[J]. International Journal of Molecular Sciences, 16 (9) : 22960-22975.

Guo H, Wang Y, Liu H, et al, 2015. Exogenous GA3 application enhances xylem development and induces the expression of secondary wall biosynthesis related genes in Betula platyphylla[J]. International Journal of Molecular Sciences, 16 (9) : 22960-22975.

Hao X Y, Bi W L, Cui Z H, et al, 2017. Development, histological observations and grapevine leafroll associated virus 3 localisation in in vitro grapevine micrografts[J]. Annals of Applied Biology, 170 (3) : 379-390.

Harding S A, Tsai C J, 2002. Differential expression of two distinct phenylalanine ammonia-lyase genes in condensed tannin-accumulating and lignifying cells of quaking aspen[J]. Plant Physiology, 130 (2) : 796-807.

Hardtke C S, Berleth T, 1998. The Arabidopsis gene MONOPTEROS encodes a transcription factor mediating embryo axis formation and vascular development[J]. The EMBO journal, 17 (5) : 1405-1411.

Hattori T, Nishiyama A, Shimada M, 1999. Induction of L -phenylalanine ammonia-lyase and suppression of veratryl alcohol biosynthesis by exogenously added L -phenylalanine in a white-rot fungus Phanerochaete chrysosporium[J]. Fems Microbiology Letters, 179 (2) : 305–309.

Hernández F, Pinochet J, Moreno M A, et al, 2010. Performance of prunus rootstocks for apricot in Mediterranean conditions[J]. Scientia Horticulturae, 124 (3) : 354-359.

Hess, H H, 2010. Jasmonic acid and ethylene modulate local responses to wounding and simulated herbivory in Nicotiana attenuata leaves[J]. Plant physiology, 153 (2) : 785-798.

Huang R, Huang Y, Sun Z, et al, 2017. Transcriptome analysisof genes involved in lipid biosynthesis in the developing embryo of pecan (*Carya illinoinensis*) [J]. Journal of Agricultural & Food Chemistry, 65 (20) : 4223-4236.

Huiyan G, Yucheng W, Huizi L, et al, 2015. Exogenous GA application enhances xylem development and induces the expression of secondary wall biosynthesis related genes in betula platyphylla[J]. International journal of molecular sciences, 16 (9) : 22960-22975.

Iakimova E T, Woltering E J, 2017. Xylogenesis in zinnia (Zinnia elegans) cell cultures: unravelling the regulatory steps in a complex developmental programmed cell death event[J]. Planta, 1-25.

Ikeuchi M, Iwase A, Rymen B, et al, 2017. Wounding triggers callus formation via dynamic hormonal and transcriptional changes[J]. Plant Physiology, 176 (4) : 1158–1174.

Ikeuchi M, Sugimoto K, Iwase A, 2013. Plant callus: mechanisms of induction and repression[J]. Plant Cell, 25（9）: 3159-3173.

Ikeuchi M, Sugimoto K, Iwase A, 2013. Plant callus: mechanisms of induction and repression[J]. The Plant Cell, 25（9）: 3159-3173.

Ilegems M, Douet V, Meylanbettex M, et al, 2010. Interplay of auxin, KANADI and Class III HD-ZIP transcription factors in vascular tissue formation[J]. Development, 137（6）: 975-984.

Iliev I, Savidge R, 1999. Proteolytic activity in relation to seasonal cambial growth and xylogenesis in Pinus banksiana[J]. Phytochemistry, 50（6）: 953-960.

Immanen J, Nieminen K, Smolander O P, et al, 2016. Cytokinin and auxin display distinct but interconnected distribution and signaling profiles to stimulate cambial activity[J]. Current Biology, 26（15）: 1990-1997.

Irisarri P, Binczycki P, Errea P, et al, 2015. Oxidative stress associated with rootstock–scion interactions in pear/quince combinations during early stages of graft development[J]. Journal of plant physiology, 176: 25-35.

Irisarri P, Zhebentyayeva T, Errea P, et al, 2016. Differential expression of phenylalanine ammonia lyase（PAL）genes implies distinct roles in development of graft incompatibility symptoms in Prunus[J]. Scientia Horticulturae, 204: 16-24.

Israelsson M, Sundberg B, Moritz T, 2005. Tissue-specific localization of gibberellins and expression of gibberellin-biosynthetic and signaling genes in wood-forming tissues in aspen[J]. Plant Journal for Cell & Molecular Biology, 44（3）: 494-504.

Jeffree C E, Yeoman M M, 1983. Development of intercellular connections between opposing cells in a graft union[J]. New Phytologist, 93（4）: 491-509.

Jonesrhoades M W, Bartel D P, Bartel B, 2006. MicroRNAS and their regulatory roles in plants[J]. Annual Review of Plant Biology, 57（1）: 19-53.

Jung Myung L, Kubota C, Tsao S J, et al, 2010. Current status of vegetable grafting: diffusion, grafting techniques, automation[J]. Scientia Horticulturae, 127（2）: 93-105.

Kalluri U C, Difazio S P, Brunner A M, et al, 2007. Genome-wide analysis ofAux/IAAandARFgene families inPopulus trichocarpa[J]. Bmc Plant Biology, 7（1）: 59.

Karadeniz T, 2005. Relationship between graft success and climatic values in walnut[J]. Journal of Central European Agriculture, 6: 631-634.

Karimi H R, Nowrozy M, 2017. Effects of rootstock and scion on graft success and vegetative parameters of pomegranate[J]. Scientia Horticulturae, 214: 280-287.

Kim D S, Hwang B K, 2014. An important role of the pepper phenylalanine ammonia-lyase gene（PAL1）in salicylic acid-dependent signalling of the defence response to microbial pathogens[J]. Journal of Experimental Botany, 65（9）: 2295-2306.

Kim W C, Kim J Y, Ko J H, et al, 2013. Transcription factor MYB46 is an obligate component of the transcriptional regulatory complex for functional expression of secondary wall-associated cellulose synthases in Arabidopsis thaliana [J]. Journal of Plant Physiology, 170（15）: 1374-1378.

Kono A, Ohno R, Umeda-Hara C, et al, 2006.A distinct type of cyclin D, CYCD4;2, involved in the activation of cell division in Arabidopsis [J]. Plant Cell Reports, 25（6）: 540-545.

Kranz H D, Denekamp M, Greco R, et al, 1998. Towards functional characterisation of the members of the R2R3 MYB gene family from Arabidopsis thaliana[J]. Plant Journal, 16（2）: 263-276.

Kumar A, Ellis B E, 2001, The phenylalanine ammonia-lyase gene family in raspberry. Structure, expression, and evolution[J]. Plant Physiology, 127: 230-239.

La Camera S, Gouzerh G, Dhondt S, et al, 2004 Metabolic reprogramming in plant innate immunity: the contributions of phenylpropanoid and oxylipin pathways[J]. Immunological Reviews, , 198（1）: 267-284.

Lang G A, 2000. Precocious, dwarfing, and productive - how will new cherry rootstocks impact the sweet cherry industry?[J]. Horttechnology, 10（4）: 719-725.

Legay S. EgMYB2, 2005. a new transcriptional activator from Eucalyptus xylem, regulates secondary cell wall formation and lignin biosynthesis[J]. Plant Journal, 43（4）: 553-567.

Leple J, Dauwe R, Morreel K, et al, 2007. Downregulation of cinnamoyl-coenzyme a reductase in poplar: Multiple-level phenotyping reveals effects on cell wall polymer metabolism and structure[J]. Plant Cell, 19（11）: 3669-3691.

Lesak I, lesak H, Libik M, et al, 2008. Antioxidant response system in the short-term post-wounding effect in Mesembryanthemum crystallinum leaves[J]. Journal of Plant Physiology, 165（2）: 127-137.

Li B, Qin Y, Hui D, et al, 2011.Genome-wide characterization of new and drought stress responsive microRNAs in Populus euphratica[J]. Journal of Experimental Botany, 62（11）: 3765-3779.

Li C, Feng Z, Bai Y, et al, 2011.Molecular cloning and prokaryotic expression of phenylalanine ammonia-lyase gene FdPAL from Fagopyrum dibotrys[J]. China Journal of Chinese Materia Medica, 36（23）: 3238-3243.

Li C, Ng K Y, Fan L M, 2014. MYB transcription factors, active players in abiotic stress signaling[J]. Environmental & Experimental Botany, 114: 80-91.

Li H, Hu T, Amombo E, et al, 2017. Genome-wide identification of heat stress-responsive small RNAs in tall fescue (Festuca arundinacca) by high-throughput sequencing[J]. Journal of Plant Physiology, 213: 157-165.

Li J, Yang Z, Yu B, et al, 2005. Methylation protects miRNAs and siRNAs from a 3′ -end uridylation activity in Arabidopsis[J]. Current Biology Cb, 15（16）: 1501-1507.

Li Q, Xie Q G, Smith-Becker J, et al, 2006. Mi-1-Mediated aphid resistance involves salicylic acid and mitogen-activated protein kinase signaling cascades[J]. Mol Plant Microbe Interact. 19（6）: 655-664.

Li S B, Xie Z Z, Hu C G, et al, 2016.A review of auxin response factors（ARFs）in plants[J]. Frontiers in plant science, 7: 47.

Li T, Ma L, Geng Y, et al, 2015. Small RNA and degradome sequencing reveal complex roles of miRNAs and their targets in developing wheat grains[J]. Plos One, 10 （10）: e0139658.

Lima L K S, Soares T L, Souza E H D, et al, 2017. Initial vegetative growth and graft region anatomy of yellow passion fruit on Passiflora spp. rootstocks[J]. Scientia Horticulturae, 215: 134-141.

Lin Z, Zhong S, Grierson D, 2009. Recent advances in ethylene research[J]. Journal of Experimental Botany, 60 （12）: 3311-3336.

Liu J, Osbourn A, Ma P, 2015. MYB Transcription factors as regulators of phenylpropanoid metabolism in plants[J]. Molecular Plant, 8 （5）: 689.

Liu X Y, Li J, Liu M M, et al, 2017. Transcriptome profiling to understand the effect of citrus rootstocks on the growth of 'Shatangju' Mandarin[J]. Plos One, 12 （1）: e0169897.

Luo X C, Sun M H, Xu R R, et al, 2014. Genomewide identification and expression analysis of the ARF gene family in apple[J]. Journal of Genetics, 93 （3）: 785-797.

Luo Y, Guo Z, Li L, 2013. Evolutionary conservation of microRNA regulatory programs in plant flower development[J]. Developmental Biology, 380 （2）: 133-144.

Ma X, Xin Z, Wang Z, et al, 2015. Identification and comparative analysis of differentially expressed miRNAs in leaves of two wheat （Triticum aestivum L.） genotypes during dehydration stress[J]. BMC Plant Biology, 15 （1）: 21.

Magyar Z, Bögre L, Ito M, 2016. DREAMs make plant cells to cycle or to become quiescent[J]. Current opinion in plant biology, 34: 100-106.

Mahunu G K, Osei-Kwarteng M, Quainoo A K, 2013. Dynamics of graft formation in fruit trees: a review[J]. Albanian Journal of Agricultural Sciences, 12 （2）: 177-180

Mallory A C, Vaucheret H, 2006. Erratum: Functions of microRNAs and related small RNAs in plants[J]. Nature Genetics, 38 Suppl: S31-S36.

Manavella P A, Dezar C A, Bonaventure G, et al, 2008. HAHB4, a sunflower HD-Zip protein, integrates signals from the jasmonic acid and ethylene pathways during wounding and biotic stress responses[J]. Plant Journal, 56 （3）: 376-388.

Mason M G, Mathews D E, Argyros D A, et al, 2005. Multiple type-B response regulators mediate cytokinin signal transduction in Arabidopsis[J]. The Plant Cell, 17 （11）: 3007-3018.

Matsumoto-Kitano M, Kusumoto T, Tarkowski P, et al, 2008. Cytokinins are central regulators of cambial activity[J]. Proceedings of the National Academy of Sciences of the United States of America, 105 （50）: 20027-20031.

Matsuoka K, Sugawara E, Aoki R, et al, 2016. Differential cellular control by cotyledon-Derived phytohormones involved in graft reunion of Arabidopsis hypocotyls[J]. Plant & Cell Physiology, 57 （12）: 2620-2631.

Mattsson J, Ckurshumova W, Berleth T, 2003. Auxin signaling in Arabidopsis leaf vascular development[J]. Plant Physiology, 131 （3）: 1327-1339.

Mauriat M, Moritz T, 2009. Analyses of GA20ox- and GID1-over-expressing aspen suggest that gibberellins play two distinct roles in wood formation[J]. Plant Journal, 58 (6) : 989-1003.

Mccarthy R L, Zhong R, Fowler S, et al, 2010. The poplar MYB transcription factors, PtrMYB3 and PtrMYB20, are involved in the regulation of secondary wall biosynthesis[J]. Plant & Cell Physiology, 51 (6) : 1084-1090.

Melnyk C W, Gabel A, Hardcastle T J, et al, 2017.Transcriptome dynamics at the Arabidopsis graft junction reveal an inter-tissue recognition mechanism that activates vascular regeneration[J]. Proceedings of the National Academy of Sciences of the United States of America, 115 (10) : e2447.

Melnyk C W, Schuster C, Leyser O, et al, 2015. A Developmental framework for graft formation and vascular reconnection in Arabidopsis thaliana[J]. Current Biology Cb, 25 (10) : 1306-1318.

Melnyk C W, 2017. Plant grafting: insights into tissue regeneration[J]. Regeneration, 4 (1) : 3-14.

Melnyk, Charles W, Meyerowitz, et al, 2015. Plant grafting[J]. Current Biology, 25 (5) : R183-R188.

Meyers B C, Axtell M J, Bartel B, et al, 2008. Criteria for annotation of plant microRNAs[J]. Plant Cell, 20 (12) : 3186-3190.

Mijeong J, Bosung C, Dongwon B, et al, 2012. Differential expression of kenaf phenylalanine ammonia-lyase (PAL) ortholog during developmental stages and in response to abiotic stresses[J]. Plant Omics Journal of Plant Molecular Biology & Omics, 3 (5) : 392-399.

Milhinhos A, Miguel C M, 2013. Hormone interactions in xylem development: a matter of signals[J]. Plant Cell Reports, 32 (6) : 867-883.

Mitsuda N, Iwase A, Yamamoto H, et al, 2007. NAC transcription factors, NST1 and NST3, are key regulators of the formation of secondary walls in woody tissues of Arabidopsis[J]. Plant Cell, 19 (1) : 270-280.

Mittler R, 2002. Oxidative stress, antioxidants and stress tolerance[J]. Trends in plant science, 7 (9) : 405-410.

Moffitt M C, Louie G V, Bowman M E, et al, 2007. Discovery of two cyanobacterial phenylalanine ammonia lyases: kinetic and structural characterization[J]. Biochemistry, 46 (4) : 1004-1012.

Moore R, 1984. A Model for Graft Compatibility-incompatibility in higher plants[J]. American Journal of Botany, 71 (5) : 752-758.

Mudge K, Janick J, Scofield S, et al, 2009. A history of grafting[J]. Horticultural Reviews, 437-493.

Musacchi S, Pagliuca G, Kindt M, et al. 2000. Flavonoids as markers for pear-quince graft incompatibility[J]. Angewandte Botanik, 74 (5) : 206-211.

Na L, Yang J, Fu X, et al, 2016. Genome-wide identification and comparative analysis of grafting-responsive mRNA in watermelon grafted onto bottle gourd and squash rootstocks by high-throughput sequencing[J]. Molecular Genetics & Genomics, 291 (2) : 621-633.

Na L, Yang J, Guo S, et al, 2013. Genome-wide identification and comparative analysis of conserved and novel microRNAs in grafted watermelon by high-throughput sequencing[J]. Plos One, 8 (2) : e57359.

Nesbitt M L, 2002. Effect of scionwood packing moisture and cut-end scaling on pecan graft success[J]. Horttechnology, 12（2）: 257-260.

Nieminen K, Immanen J, Laxell M, et al, 2008. Cytokinin signaling regulates cambial development in poplar[J]. Proceedings of the National Academy of Sciences of the United States of America, 105（50）: 20032-20037.

Nkansah G O, Ahwireng A K, Amoatey C, et a, 2013. Grafting onto African eggplant enhances growth, yield and fruit quality of tomatoes in tropical Forest ecozones[J]. Journal of Applied Horticulture, 15（1）: 16-20.

Ok L P, Chul L I, Junyoung K, et al, 2010. Auxin response factor 2（ARF2）plays a major role in regulating auxin-mediated leaf longevity[J]. Journal of Experimental Botany, 61（5）: 1419-1430.

Okushima Y, Mitina I, Hl, Theologis A, 2005. AUXIN RESPONSE FACTOR 2（ARF2）: a pleiotropic developmental regulator[J]. Plant Journal, 43（1）: 29-46.

Okushima Y, Overvoorde P J, Alonso J M, et al, 2005. Functional genomic Analysis of the AUXIN RESPONSE FACTOR gene family members in Arabidopsis thaliana: unique and overlapping functions of ARF7 and ARF19[J]. Plant Cell, 17（2）: 444-463.

Olmstead M A, Lang N S, Lang G A, et al, 2006. Examining the vascular pathway of sweet cherries grafted onto dwarfing rootstocks[J]. Hortscience A Publication of the American Society for Horticultural Science, 41（3）: 674-679.

Olsen K M, Lea U S, Slimestad R, et al, 2008. Differential expression of four Arabidopsis PAL genes; PAL1 and PAL2 have functional specialization in abiotic environmental-triggered flavonoid synthesis[J]. Journal of Plant Physiology, 165（14）: 1491-1499.

Ong S S, Wickneswari R, 2012. Characterization of microRNAs Expressed during Secondary Wall Biosynthesis in Acacia mangium[J]. Plos One, 7（11）: e49662.

Pant B D, Buhtz A, Kehr J, et al, 2008. MicroRNA399 is a long-distance signal for the regulation of plant phosphate homeostasis[J]. Plant Journal, 53（5）: 731-738.

Park M Y, Wu G, Gonzalezsulser A, et al, 2005. Nuclear processing and export of microRNAs in Arabidopsis[J]. Proceedings of the National Academy of Sciences of the United States of America, 102（10）: 3691-3696.

Park N I, Xu H, Li X, et al, 2012. Overexpression of phenylalanine ammonia-lyase improves flavones production in transgenic hairy root cultures of Scutellaria baicalensis[J]. Process Biochemistry, 47（12）: 2575-2580.

Parkinson M, Yeoman M M, 1982. Graft formation in cultured, explanted internodes[J]. New Phytologist, 91（4）: 711-719.

Pereira I D S, Messias R D S, Campos Â D, et al, 2014. Growth characteristics and phenylalanine ammonia-lyase activity in peach grafted on different Prunus spp[J]. Biologia Plantarum, 58（1）: 114-120.

Perrot-Rechenmann C, 2010. Cellular responses to auxin: division versus expansion[J]. Cold Spring

Harbor perspectives in biology, 2（5）：a001446.

Petzold H E, Zhao M, Beers E P, 2012. Expression and functions of proteases in vascular tissues[J]. Physiologia plantarum, 145（1）：121-129.

Pils B, Heyl A, 2009. Unraveling the evolution of cytokinin signaling[J]. Plant Physiology, 151（2）：782-791.

Pina A, Errea P, 2005. A review of new advances in mechanism of graft compatibility-incompatibility[J]. Scientia Horticulturae, 106（1）：1-11.

Pina A, Errea P, 2008. Differential induction of phenylalanine ammonia-lyase gene expression in response to in vitro callus unions of *Prunus spp.*[J]. Journal of Plant Physiology, 165（7）：705-714.

Pina A, Errea P, 2008. Influence of graft incompatibility on gene expression and enzymatic activity of UDP-glucose pyrophosphorylase[J]. Plant Science, 174（5）：502-509.

Pitaksaringkarn W, Ishiguro S, Asahina M, et al, 2014. ARF6 and ARF8 contribute to tissue reunion in incised Arabidopsis inflorescence stems[J]. Plant Biotechnology, 31（31）：49-53.

Prabpree A, Sangsil P, Nualsri C, et al, 2018. Expression profile of phenylalanine ammonia-lyase（PAL）and phenolic content during early stages of graft development in bud grafted Hevea brasiliensis[J]. Biocatalysis & Agricultural Biotechnology, 14: 88-95.

Przemeck G K H, Mattsson J, Hardtke C S, et al, 1996. Studies on the role of the Arabidopsis gene MONOPTEROS in vascular development and plant cell axialization[J]. Planta, 200（2）：229-237.

Qiu L, Jiang B, Fang J, et al, 2016. Analysis of transcriptome in hickory（*Carya cathayensis*），and uncover the dynamics in the hormonal signaling pathway during graft process[J]. BMC genomics, 17（1）：935.

Quiroga M, Guerrero C, Botella M A, et al, 2000. A tomato peroxidase involved in the synthesis of lignin and suberin[J]. Plant Physiology, 122（4）：1119-1127.

Rajagopalan R, Vaucheret H, Trejo J, et al, 2006. A diverse and evolutionarily fluid set of microRNAs in Arabidopsis thaliana[J]. Genes and Development, 20（24）：3407-3425.

Ramachandran V, Chen X, 2008. Degradation of microRNAs by a family of exoribonucleases in Arabidopsis[J]. Science, 321（5895）：1490-1492.

Rato A E, Agulheiro A C, Barroso J M, et al, 2008. Soil and rootstock influence on fruit quality of plums（Prunus domestica L.）[J]. Scientia Horticulturae, 118（3）：218-222.

Reyes J L, Chua N H, 2007. ABA induction of miR159 controls transcript levels of two MYB factors during Arabidopsis seed germination[J]. Plant Journal, 49（4）：592-606.

Riou-Khamlichi C, Huntley R, Jacqmard A, et al, 1999. Cytokinin activation of Arabidopsis cell division through a D-type cyclin[J]. Science, 283（5407）：1541-1544.

Ritter H, Schulz G E, 2004.Structural basis for the entrance into the phenylpropanoid metabolism catalyzed by phenylalanine ammonia-lyase[J]. Plant Cell, 16（12）：3426-3436.

Robischon M, Du J, Miura E, et al, 2011. The Populus class III HD ZIP, popREVOLUTA, Influences cambium initiation and patterning of woody stems[J]. Plant Physiology, 155（3）: 1214-1225.

Rogg L E, Lasswell J, Bartel B, 2001.A gain-of-function mutation in IAA28 suppresses lateral root development[J]. Plant Cell, 13（3）: 465-480.

Ruizferrer V, Voinnet O, 2009.Roles of plant small RNAs in biotic stress responses[J]. Annual Review of Plant Biology, 60（1）: 485-510.

Sakai H, Honma T, Aoyama T, et al, 2001. ARR1, a transcription factor for genes immediately responsive to cytokinins[J]. Science, 294（5546）: 1519-1521.

Sakata Y, Sugiyama M, Ohara T, 2006. History of melon and cucumber grafting in Japan[J]. Acta Horticulturae, 767（767）: 217-228.

Schrader J, Sandberg G, 2004. A high-resolution transcript profile across the wood-forming meristem of poplar identifies potential regulators of cambial stem cell identity[J]. Plant Cell, 16（9）: 2278-2292.

Schruff M C, Spielman M, Tiwari S, et al, 2006, The AUXIN RESPONSE FACTOR 2 gene of Arabidopsis linksauxin signalling, cell division, and the size of seeds and other organs[J]. Development, 133（2）: 251-261.

Schuster B, Rétey J, 1994. Serine-202 is the putative precursor of the active site dehydroalanine of phenylalanine ammonia lyase. Site-directed mutagenesis studies on the enzyme from parsley （*Petroselinum crispum* L.）[J]. Febs Letters, 349（2）: 252-254.

Seong K C, Moon J H, Lee S G, et al, 2003. Growth, lateral shoot development, and fruit yield of white-spined cucumber （*Cucumis sativus* 'Baekseong-3'）as affected by grafting methods[J]. Journal of the Korean Society for Horticultural Science, 44（4）: 478-482.

Shang Q M, Li L, Dong C J, 2012. Multiple tandem duplication of the phenylalanine ammonia-lyase genes in Cucumis sativus L[J]. Planta, 236（4）: 1093-1105.

Shimomura T, Fuzihara K, 1977. Physiological study of graft union formation in cactus:II. role of auxin on vascular connection between stock and scion[J]. Journal of the Japanese Society for Horticultural Science, 45: 397-406.

Sima X, Jiang B, Fang J, et al, 2015.Identification by deep sequencing and profiling of conserved and novel hickory microRNAs involved in the graft process[J]. Plant Biotechnology Reports, 9（3）: 115-124.

Solecka D, 1997. Role of phenylpropanoid compounds in plant responses to different stress factors[J]. Acta Physiologiae Plantarum, 19（3）: 257-268.

Song J, Wang Z, 2011. RNAi-mediated suppression of the phenylalanine ammonia-lyase gene in Salvia miltiorrhiza causes abnormal phenotypes and a reduction in rosmarinic acid biosynthesis[J]. Journal of Plant Research, 124（1）: 183-192.

Stracke R, Werber M, Weisshaar B, 2001. The R2R3-MYB gene family in Arabidopsis thaliana[J]. Current Opinion in Plant Biology, 4（5）: 447-456.

Sun X, Liang X, Yan W, et al, 2015. Identification of novel and salt-responsive miRNAs to explore miRNA-mediated regulatory network of salt stress response in radish (*Raphanus sativus* L.) [J]. Bmc Genomics, 16 (1) : 1-16.

Tang X, Zhuang Y, Qi G, et al, 2015. Poplar PdMYB221 is involved in the direct and indirect regulation of secondary wall biosynthesis during wood formation[J]. Scientific Reports, 5 (12240) : 12240.

Tiwari S B, Hagen G, Guilfoyle T, 2003. The roles of auxin response factor domains in auxin-responsive transcription[J]. Plant Cell, 15 (2) : 533-543.

Tournier B, Tabler M, Kalantidis K, 2006. Phloem flow strongly influences the systemic spread of silencing in GFP Nicotiana benthamiana plants[J]. Plant Journal, 47 (3) : 383-394.

Tsutsui H, Notaguchi M, 2017. The use of grafting to study systemic signaling in plants[J]. Plant & Cell Physiology, 58 (8) : 1291–1301.

Ulmasov T, Hagen G, Guilfoyle T J, 1999. Activation and repression of transcription by auxin-response factors[J]. Proceedings of the National Academy of Sciences of the United States of America, 96 (10) : 5844-5849.

Vanneste S, Friml J, 2009. Auxin: a trigger for change in plant development[J]. Cell, 136 (6) : 1005-1016.

Vogt T, 2010. Phenylpropanoid biosynthesis[J]. Molecular Plant, 3 (1) : 2-20.

Voinnet O, 2009. Origin, biogenesis, and activity of plant microRNAs[J]. Cell, 136 (4) : 669-687.

Wang D, Pei K, Y, Sun Z, et al, 2007.Genome-wide analysis of the auxin response factors (ARF) gene family in rice (*Oryza sativa*) [J]. Gene, 394 (1–2) : 13-24.

Wang K L, Li H, Ecker J R, 2002. Ethylene biosynthesis and signaling networks[J]. Plant Cell, 14 Suppl: S131-S151.

Wang Y Q, 2011. Plant grafting and its application in biological research[J]. Chinese Science Bulletin, 56 (33) : 3511-3517.

Wang Y, Kollmann R, 1996. Vascular differentiation in the graft union of in-vitro grafts with different compatibility— structural and functional Aspects[J]. Journal of Plant Physiology, 147 (5) : 521-533.

Wang Z, Gerstein M, Snyder M, 2009. RNA-Seq: a revolutionary tool for transcriptomics[J]. Nature Reviews Genetics, 10 (1) : 57-63.

Wang Z, Huang J, Huang Y, et al, 2012. Discovery and profiling of novel and conserved microRNAs during flower development in Carya cathayensis via deep sequencing[J]. Planta, 236 (2) : 613-621.

Wang Z, Huang R, Sun Z, et al, 2017. Identification and profiling of conserved and novel microRNAs involved in oil and oleic acid production during embryogenesis in *Carya cathayensis* Sarg[J]. Functional and Integrative Genomics, 17 (2) : 1-9.

Wang Z, Jiang D, Zhang C, et al, 2015.Genome-wide identification of turnip mosaic virus -responsive microRNAs in non-heading Chinese cabbage by high-throughput sequencing[J]. Gene, 571（2）：178-187.

Warmund M, 2012. Stem anatomy and grafting success of Chinese chestnut scions on AU-Cropper and Qing seedling rootstocks[J]. Hortscience A Publication of the American Society for Horticultural Science, 47（7）：1-3.

Warschefsky E J, Klein L L, Frank M H, et al, 2016. Rootstocks: diversity, domestication, and impacts on shoot phenotypes[J]. Trends in Plant Science, 21（5）：418.

Wasternack C, Hause B, 2013. Jasmonates: biosynthesis, perception, signal transduction and action in plant stress response, growth and development. An update to the 2007 review in Annals of Botany[J]. Annals of Botany, 111（6）：1021-1058.

Watanabe T, Seo S, Sakai S, 2001. Wound-induced expression of a gene for 1-aminocyclopropane-1-carboxylate synthase and ethylene production are regulated by both reactive oxygen species and jasmonic acid in Cucurbita maxima[J]. Plant Physiology & Biochemistry, 39（2）：121-127.

Wells L, 2017. Budding and Grafting of Pecan[J]. University of Georgia Cooperative Extension Bulletin, 1376: 1-8.

Wen P F, Chen J Y, Kong W F, et al, 2005. Salicylic acid induced the expression of phenylalanine ammonia-lyase gene in grape berry[J]. Plant Science, 169（5）：928-934.

Wilkinson S, Davies W J, 2002. ABA-based chemical signalling: the co-ordination of responses to stress in plants[J]. Plant Cell & Environment, 25（2）：195-210.

Wilmoth J C, Wang S, Tiwari S B, et al, 2005. NPH4/ARF7 and ARF19 promote leaf expansion and auxin-induced lateral root formation[J]. Plant Journal, 43（1）：118–130.

Wood B W, Payne J A, Grauke L J, 1990. The rise of the U.S. pecan industry[J]. Hortscience, 594, 721-723.

Wu B, Li Y H, Wu J Y, et al, 2011. Over-expression of mango（Mangifera indica L.）MiARF2 inhibits root and hypocotyl growth of Arabidopsis[J]. Molecular Biology Reports, 38（5）：3189-3194.

Xiang L, Moore B S, 2005. Biochemical characterization of a prokaryotic phenylalanine ammonia Lyase[J]. Journal of Bacteriology, 187（12）：4286-4289.

Xie Q, Frugis G, Colgan D, et al, 2000.Arabidopsis NAC1 transduces auxin signal downstream of TIR1 to promote lateral root development[J]. Genes and Development, 14（23）：3024-3036.

Xu D, Yuan H, Tong Y, et al, 2017.Comparative proteomic analysis of the graft unions in hickory（Carya cathayensis）provides insights into response mechanisms to grafting process[J]. Frontiers in plant science, 8.

Xu H, Park N I, Li X, et al, 2010. Molecular cloning and characterization of phenylalanine ammonia-lyase, cinnamate 4-hydroxylase and genes involved in flavone biosynthesis in Scutellaria baicalensis[J]. Bioresource Technology, 101（24）：9715-9722.

Xu K, Liu J, Fan M, et al, 2012.A genome-wide transcriptome profiling reveals the early molecular events during callus initiation in Arabidopsis multiple organs[J]. Genomics, 100（2）: 116-124.

Xu Q, Guo S R, Li H, et al, 2015.Physiological aspects of compatibility and incompatibility in grafted cucumber seedlings[J]. Journal of the American Society for Horticultural Science American Society for Horticultural Science, 140（4）: 299-307.

Xu Q, Yin X R, Zeng J K, et al, 2014. Activator- and repressor-type MYB transcription factors are involved in chilling injury induced flesh lignification in loquat via their interactions with the phenylpropanoid pathway[J]. Journal of Experimental Botany, 65（15）: 4349-4359.

Yang J H, Wang H, 2016. Molecular mechanisms for vascular development and secondary cell wall formation[J]. Frontiers in plant science, 7: 356.

Yang X, Hu X, Zhang M, et al, 2016. Effect of low night temperature on graft union formation in watermelon grafted onto bottle gourd rootstock[J]. Scientia Horticulturae, 212: 29-34.

Yang Y, Huang M, Qi L, et al, 2017. Differential expression analysis of genes related to graft union healing in Pyrus ussuriensis Maxim by cDNA-AFLP[J]. Scientia Horticulturae, 225: 700-706.

Yang Y, Mao L, Jittayasothorn Y, et al, 2002.Messenger RNA exchange between scions and rootstocks in grafted grapevines[J]. BMC Plant Biology, 15（1）: 251.

Ye Z H, 2015. Vascular tissue differentiation and pattern formation in plants[J]. Annual Review of Plant Biology, 53（1）: 183-202.

Ye Z, Zhong R, 2015.Molecular control of wood formation in trees[J]. Journal of experimental botany, 66（14）: 4119-4131.

Yeoman M M, Kilpatrick D C, Miedzybrodzka M B, et al, 1978. Cellular interactions during graft formation in plants, a recognition phenomenon?[J]. Symposia of the Society for Experimental Biology, 32（3）: 139-160.

Yildiz K, Yilmaz H, Balta F, 2003. The effect of soluble sugars, total flavan and juglone concentrations in walnut scions on graft survival[J]. Journal of American Pomological Society, 57（4）: 173-176.

Yin H, Yan B, Sun J, et al, 2012.Graft-union development: a delicate process that involves cell–cell communication between scion and stock for local auxin accumulation[J]. Journal of experimental botany, 63（11）: 4219-4232.

Yuan H, Zhao L, Qiu L, et al, 2017.Transcriptome and hormonal analysis of grafting process by investigating the homeostasis of a series of metabolic pathways in Torreya grandis cv. Merrillii[J]. Industrial Crops & Products, 108: 814-823.

Zenginbal H, E itken A, 2016. Effects of the application of various substances and grafting methods on the grafting success and growth of black mulberry（Morus nigra L.）[J]. Acta Scientiarum Polonorum, 15（4）: 99-109.

Zhang R, Peng F R, Le D L, et al, 2015 .Evaluation of Epicotyl Grafting on 25-to 55-day-old Pecan Seedlings[J]. Horttechnology, 25（3）: 392-396.

Zhang R, Peng F, Li Y, 2015. Pecan production in China[J]. Scientia Horticulturae, 197: 719-727.

Zhang S G, Zhou J, Han S Y, et al, 2010. Four abiotic stress-induced miRNA families differentially regulated in the embryogenic and non-embryogenic callus tissues of Larix leptolepis[J]. Biochemical and Biophysical Research Communications, 398 (3) : 355-360.

Zhang S, Han S, Li W, et al, 2012. miRNA regulation in fast- and slow-growing hybrid Larix trees[J]. Trees, 26 (5) : 1597-1604.

Zhao M, Chen L, Wang T, et al, 2011. Identification of drought-responsive microRNAs in Medicago truncatula by genome-wide high-throughput sequencing[J]. BMC Genomics, 12 (1) : 367.

Zhao Q, Dixon R A, 2011. Transcriptional networks for lignin biosynthesis: more complex than we thought?[J]. Trends in plant science, 16 (4) : 227-233.

Zhao Q, Nakashima J, Chen F, et al, 2013. Laccase is necessary and nonredundant with peroxidase for lignin polymerization during vascular development in Arabidopsis[J]. The Plant Cell, 25 (10) : 3976-3987.

Zhao Y, Ma Q, Jin X, et al, 2014. A Novel Maize Homeodomain–leucine zipper (HD-Zip) I gene, Zmhdz10, positively regulates drought and salt yolerance in both rice and Arabidopsis[J]. Plant and Cell Physiology, 55 (6) : 1142-1156.

Zheng B S, Chu H L, Jin S H, et al, 2009. cDNA-AFLP analysis of gene expression in hickory (Carya carthayensis) during graft process[J]. Tree physiology, 30 (2) : 297-303.

Zhong R, Lee C, Zhou J, et al, 2008. A battery of transcription factors involved in the regulation of secondary cell wall biosynthesis in Arabidopsis[J]. The Plant Cell, 20 (10) : 2763-2782.

Zhou J, Zhong R, Ye Z, 2014. Arabidopsis NAC domain proteins, VND1 to VND5, are transcriptional regulators of secondary wall biosynthesis in vessels[J]. PloS one, 9 (8) : e105726.